Verlagsbuchhandlung von Julius Springer in Berlin N.,
Monbijouplatz 3.

Die
parlamentarische Regierung
in
England
ihre Entstehung, Entwickelung und praktische Gestaltung
von
Alpheus Todd,
Bibliothekar des Repräsentantenhauses von Canada.

Aus dem Englischen übersetzt
von
R. Assmann.
Kreisgerichtsrath.

gr. 8. In zwei Bänden. 76 Bogen.

Brochirt in 2 Theilen: Preis 18 Mark.

In zwei englische Einbände gebunden: Preis 20 Mark.

Das Todd'sche Werk schildert in gründlicher und anschaulicher Weise, wie die englische Verfassung sich aus den schon in der angelsächsischen Zeit gelegten Keimen unter der Pflege einer freiheitliebenden und besonnenen Nation, namentlich seit der Revolution von 1688 entwickelt und durch die maßvolle Handhabung, welche ihr von allen zur Herrschaft gelangten Parteien zu Theil geworden ist, England vor jeder gewaltsamen inneren Erschütterung glücklich bewahrt hat.

Für die Kenntniß der englischen, wie für die Weiterentwickelung der deutschen staatsrechtlichen Verhältnisse bietet das bisher von der Kritik mit ungetheiltem Beifall aufgenommene Werk unmittelbar aus dem praktischen Staatsleben geschöpftes reichhaltiges und werthvolles Material.

Der Materialismus in England.

Ein Vortrag

gehalten

in der Versammlung der British Association in Belfast

von

John Tyndall.

Nach der neuesten Auflage mit Genehmigung des Verfassers übersetzt

von

Emil Lehmann.

Springer-Verlag Berlin Heidelberg GmbH
1875

ISBN 978-3-662-38678-1   ISBN 978-3-662-39552-3 (eBook)
DOI 10.1007/978-3-662-39552-3

„Es giebt einen höchsten Gott über allen Göttern, der göttlicher ist als Sterbliche, dessen Gestalt nicht der des Menschen und eben so wenig seiner Natur gleicht. Aber eitle Sterbliche wähnen, daß Götter gleich ihnen selbst mit menschlichen Empfindungen, menschlicher Stimme und körperlichen Gliedern erzeugt wurden. So würden, wenn Ochsen oder Löwen Hände hätten und in menschlicher Weise arbeiteten und ihre Vorstellung von der Gottheit mit Meißel oder Pinsel zur Darstellung bringen könnten, Pferde Götter wie Pferde und Ochsen Götter wie Ochsen darstellen, indem jede Art die Gottheit mit ihrer eigenen Gestalt und Natur ausstatten würde.",

Xenophanes aus Kolophon (600 v. Chr.)
„Ueber die Natur."

„Es wäre besser überall gar keine Vorstellung von Gott zu haben, als eine seiner unwürdige Vorstellung; denn die eine ist Unglauben, die andere Verhöhnung."

Baco.

Vorrede.

Der Aufforderung meiner Herren Verleger folgend, die sich auf den Wunsch vieler correspondirender Mitglieder stützen, übergebe ich diesen Vortrag mit einigen Veränderungen auf's Neue dem Drucke.

Ich habe diese Rede unter ziemlich ungünstigen Umständen in diesem Jahre in den Alpen geschrieben und stückweise dem Druck übergeben. Als ich sie später im Zusammenhang durchlas, erwies sie sich als für ihren Zweck zu lang und ich mußte demgemäß mehrere Stellen ausmerzen. Einige von diesen Stellen sind hier wieder aufgenommen.

Die Rede hat die Kritik in ungewöhnlichem Grade herausgefordert. Dieser Sturm wird sich legen und ich sehe dem Urtheilsspruch einer ruhigern Zukunft, der sich nicht auf eingebildete Sünden, sondern auf wirkliche Thatsachen stützen wird, zuversichtlich entgegen.

Ueber die unzähligen Zurechtweisungen und theilweise sehr harten Anklagen, deren Gegenstand ich gewesen bin, will ich mich hier nicht weiter auslassen; auf einige wenige darunter möchte ich jedoch aus Achtung für ihre Quellen kurz erwidern.

Eine unserer angesehendsten Abendzeitungen beschuldigt mich, nachdem sie mir verschiedene in ihrer sittlichen Berech=

tigung mehr oder weniger bestreitbare Zwecke und Ziele zugeschrieben hat, ich habe mich von dem Beifalle meines Publikums dazu hinreißen lassen, Ausdrücke zu gebrauchen, deren sich kein Gutgesinnter, ohne die schwerste Verantwortlichkeit auf sich zu laden, bedienen dürfte. Ich hoffe, der Urheber dieser Anklage wird mir gestatten, ihn in aller Höflichkeit zu versichern, daß die von ihm der Eingebung des Augenblickes zugeschriebenen Worte in der Schweiz geschrieben waren, daß sie in dem gedruckten Exemplar der Rede, nach welcher ich meinen Vortrag gehalten habe, standen, daß dieselben keine Zeichen des Beifalls hervorriefen, sondern mit einem Schweigen aufgenommen wurden, das viel ausdrucksvoller war, als es Beifallszeichen hätten sein können und daß schließlich, was mein Verhältniß zu dem, durch meine Rede erregten Beifall oder Mißfallen anlangt, mein Verhalten schon lange, bevor ich es wagte die Versammlung in Belfast anzureden, wohl überdacht und festgestellt war.

Ein Mitarbeiter eines sehr bedeutenden theologischen Blattes schildert mich wie jemand „der die Religion streichelt." Der Gedanke gehört unstreitig ihm, nicht mir. Die Thatsachen des religiösen Gefühls stehen für mich so fest wie die Thatsachen der Physik. Aber die Welt wird meines Dafürhaltens zwischen dem Gefühle und seinen Formen zu unterscheiden und die letzteren in Uebereinstimmung mit dem geistigen Zustande des Zeitalters zu modifiziren haben.

Ich will nicht bei Angaben verweilen, welche bedeutenden Männern zugeschrieben werden und vielleicht in den Blättern unvollkommen wiedergegeben sind und ich gehe daher über eine von dem Bischof von Manchester angeblich kürzlich gehaltene Predigt mit der Bemerkung hinweg, daß jemand, der in einer so vielseitigen und wie ich nicht bezweifele im Ganzen segensreichen Weise von der äußern Welt in Anspruch genommen ist wie er, schwerlich zu denen gehören kann, welche am frühesten die mehr innerlichen und geistigen Zeichen der Zeit unterscheiden und den Zustand, welchen dieselben vorausverkünden, vorbereiten.

In einer kürzlich in Dewsbury gehaltenen Rede soll sich der Dechant von Manchester in folgender Weise ausgesprochen haben:

„Der Professor (— nämlich ich —) schloß einen höchst merkwürdigen und beredten Vortrag damit, daß er sich einen ‚materiellen Atheisten‘ nannte." Meine Aufmerksamkeit wurde auf diese Aeußerung des Dechanten Cowie durch einen Correspondenten hingelenkt, welcher dieselbe als unter den vielen sonderbaren Verleumdungen, mit welchen meine Worte angegriffen worden sind „besonders hervorragend" bezeichnete. Ich für meine Person will mich keiner Ausdrücke bedienen, aus denen man schließen könnte, daß mich solche Angriffe verletzen. Sie haben ihre Kraft zu verwunden oder zu beleidigen verloren.

Aehnlich steht es mit einer kürzlich von dem Presbitarium in Belfast gefaßten Resolution, in welcher von Professor Huxley und mir gesagt wird: „wir ignorirten die Existenz Gottes und redeten einem nackten Materialismus das Wort." Wäre das possessive Pronomen „unseres" dem Worte „Gottes" vorangegangen, und wären dem Worte „nackten" die Worte „nach unseren Begriffen" vorangestellt, so wäre die Angabe objektiv wahr gewesen; aber um sie dazu zu machen, wäre diese Bezeichnung erforderlich gewesen.

Auch Cardinal Cullen ist, wie ich höre, angelegentlich

VII

damit beschäftigt geistliche Schutzwehren gegen das Eindringen des Unglaubens in Irland zu errichten. Seine Eminenz hat, glaube ich, Gründe zu argwöhnen, daß die katholische Jugend um ihn her gegen die Verführungen der Wissenschaft nicht gefeiet ist. Trotz seiner Stärke halte ich ihn hier für machtlos. Die irische Jugend wird, wenn auch noch so langsam die Keime der Wissenschaft einsaugen, sie wird sich, wenn auch noch so allmälig mit ihrem Sauerteige durchdringen. Und für die Ausgleichung verschiedener Zwiespaltigkeiten, — unter welchen jene mittelalterlichen Prozeduren, welche zum Skandal und zum Staunen der Intelligenz unseres neunzehnten Jahrhunderts, während der letzten beiden Jahre wieder in's Leben gerufen worden sind, obenan stehen —, vertraue ich mehr auf die innere modifizirende Kraft des Katholizismus als auf irgend eine protestantische Propaganda oder andere äußere Einflüsse.

In Bezug auf die Anklage des Atheismus möchte ich mir noch eine Bemerkung erlauben. Christliche Männer haben, wie ihre Schriften beweisen, ihre Stunden der Schwäche und des Zweifels so gut wie ihre Stunden der Stärke und der Ueberzeugung und Männer wie ich werden in ihrer Weise gleichfalls von diesen wechselnden Stimmungen erfaßt. Wären die religiösen Ansichten vieler meiner Angreifer die einzigen zur Wahl stehenden, so weiß ich nicht mit welcher Kraft die Doktrin des materiellen Atheismus auf mich wirken würde. Wahrscheinlich mit sehr großer Kraft. Aber wie die Dinge stehen, habe ich während Jahre langer Selbstbeobachtung bemerkt, daß diese Doktrin sich nicht in Stunden der Klarheit und der Kraft meinem Geiste empfiehlt und daß sie vor stärkeren und gesünderen Ge=

danken immer wieder zerfließt und verschwindet, da sie keine Lösung des Mysteriums bietet, in welchem wir verharren und von welchem wir einen Theil bilden.

Von gröberen Angriffen und Denunciationen nehme ich keine Notiz; auch habe ich keinen eigentlichen Grund mich über gegen mich gerichtete Schmähungen zu beklagen, wie sie Leute, die mit ihrem Christenthum prunken, wie leicht bewiesen werden könnte, kein Bedenken tragen gegen einander zu gebrauchen. Mir bleibt nur noch die angenehmere Aufgabe, denen zu danken, welche den, wenn auch noch so hoffnungslosen Versuch gemacht haben, die Anschuldigungen in den Grenzen der Gerechtigkeit zu halten und die mich vertraulich, und nicht ohne Gefahren auch öffentlich, mit dem Ausdrucke ihrer Sympathie beehrt haben.

London.
15. September 1874.

John Tyndall.

Ein dem Menschen eingeborener Trieb lenkte seine Gedanken und Zweifel frühzeitig auf die Quellen der Naturerscheinungen. Derselbe angeerbte Trieb bildet verstärkt auch heute den Sporn wissenschaftlicher Thätigkeit. Durch denselben bestimmt bilden wir auf dem Wege der Abstraction aus der Erfahrung physische Theorien, welche über das Bereich der Erfahrungen hinaus liegen, welche aber das Verlangen des Geistes, jedes natürliche Vorkommniß ursächlich begründet zu sehen, befriedigen. Bei der Bildung ihrer Ideen von dem Ursprung der Dinge beobachteten unsere frühesten historischen und, dürfen wir unzweifelhaft hinzufügen, unsere vorhistorischen Vorfahren, so weit ihre Intelligenz es ihnen gestattete, dasselbe Verfahren. Auch sie gingen auf die Erfahrung zurück, aber mit dem Unterschiede, daß die besonderen Erfahrungen, welche den Aufzug und Einschlag des Gewebes ihrer Theorien lieferten, nicht dem Studium der Natur, sondern der ihnen viel näher liegenden Beobachtung der Menschen entnommen war. Demgemäß nahmen ihre Theorien eine anthropomorphische Gestalt an. Die Beherrschung und Leitung der Naturerscheinungen wurde übersinnlichen Wesen übertragen, welche, „wenn auch mächtig und unsichtbar, doch nichts waren als eine Gattung menschlicher Geschöpfe, die vielleicht aus der Mitte des Menschengeschlechtes herausgehoben, alle menschlichen Leidenschaften und Begierden behielten*)."

---

*) Hume: Natural History of Religion.

Bei näherer Prüfung durch Reflexion und Beobachtung vermochten diese ersten Ideen auf die Dauer die scharfsinnigeren Geister nicht zu befriedigen. In frühen historischen Tagen finden wir Männer von ungewöhnlicher Begabung, die sich aus der Menge herausheben, diese anthropomorphischen Vorstellungen verwerfen und Naturerscheinungen mit ihren physischen Prinzipien zu verknüpfen suchen. Aber schon lange vor diesen reineren Bemühungen des Verstandes war der Kaufmann auf Reisen gegangen und hatte dem Naturforscher die Wege gebahnt; der Handel hatte sich entwickelt, Reichthümer waren angesammelt, Muße zum Reisen und zur Spekulation war gewonnen und unter verschiedenen Verhältnissen erzogene und daher verschieden unterrichtete und begabte Völker hatten in ihrer gegenseitigen Berührung einen Sporn zu weiterer Ausbildung gefunden. In jenen Gegenden, wo die Handelsaristokratie des alten Griechenland sich mit den östlichen Nachbarn desselben vermischte, wurden die Wissenschaften geboren und durch freidenkende und muthige Männer genährt und entwickelt. Der Zustand der Dinge, welcher durch einen andern zu ersetzen war, kann aus einer von Hume citirten Stelle des Euripides geschlossen werden: „In der Welt ist nichts, weder Ruhm noch Glück. Die Götter setzen alles in Verwirrung, vermischen jedes Ding mit seinem Gegentheil, auf daß wir alle aus Unwissenheit und Unsicherheit ihnen desto mehr Ehrfurcht und Anbetung erweisen." Da nun die Wissenschaft die radikale Ausrottung der launenhaften Willkür und das absolute Vertrauen auf die Naturgesetze verlangt, entstand mit der Entwicklung wissenschaftlicher Ideen ein wachsendes Verlangen und der Entschluß, das Feld der Theorie von diesem Haufen von Göttern und Dämonen rein zu fegen und die Naturerscheinungen auf eine, denselben entsprechendere Basis zu stellen.

Das Problem, welchem man sich früher von oben her genähert hatte, wurde jetzt von unten her in Angriff genommen. Die theoretischen Versuche gingen vom Uebersinnlichen zum Untersinnlichen über. Man fühlte, daß es, um das Universum ideell aufzubauen, nothwendig sei, eine Vorstellung von seinen Bestandtheilen, von dem zu gewinnen, was Lucretius später die „ersten Anfänge" nannte. Indem sie ihre Abstraktionen wieder der Erfahrung entnahmen, gelangten die Führer der wissenschaftlichen Spekulation endlich zu der folgenreichen Doktrin der Atome und der Moleculen, deren neueste Entwicklungsphase in der letzten Versammlung der British Association so klar dargelegt worden ist. Das Denken hatte sich ohne Zweifel lange unsicher schwankend mit dieser Doktrin beschäftigt, bevor sie die Präzision und Vollständigkeit erreichte, welche sie in dem Geiste des Demokritos*) gewann, eines Philosophen, der es wohl verdient, daß wir einen Augenblick bei ihm verweilen.

„Wenige große Männer," sagt Lange, ein Nicht-Materialist, in seiner vortrefflichen Geschichte des Materialismus, dessen Geist und Buchstaben ich gleich sehr verpflichtet bin, „sind von der Geschichte so schlecht behandelt worden wie Demokrit. In den durch unwissenschaftliche Traditionen auf uns gekommenen entstellten Bildern bleibt von ihm fast nichts übrig als der Name des lachenden Philosophen, während sich Gestalten von unendlich geringerer Bedeutung in voller Größe vor uns aufrichten." Lange spricht dann von Baco's hoher Schätzung Demokrit's. Offenbar hielt Baco Demokrit für einen Mann von gewichtigerm Gehalt als Plato und Aristoteles, obgleich ihre Philosophie mit Hülfe der pomphaften Anpreisungen von Professoren in den Schulen

---

*) geboren 460 vor Chr.

laut gefeiert und verbreitet wurde. Nicht sie jedoch, sondern Genserich und Attila und die Barbaren waren es, welche die atomistische Philosophie zerstörten: „Denn zu einer Zeit, wo alles menschliche Wissen Schiffbruch gelitten hatte, blieben die Planken aristotelischer und platonischer Philosophie, als von leichterm und luftigerm Stoff erhalten und kamen auf uns, während Dinge von festerm Stoff versanken und fast in Vergessenheit geriethen."

Als Sohn eines reichen Vaters verwandte Demokrit sein ganzes ererbtes Vermögen auf die Aufbildung seines Geistes.

Er reiste viel umher, besuchte Athen zu einer Zeit, wo auch Sokrates und Plato dort waren, verließ aber die Stadt wieder, ohne sich bekannt gemacht zu haben. Der dialektische Kampf, den Sokrates so sehr liebte, hatte keinen Reiz für Demokrit, welcher der Meinung war, daß jemand, der sich im Widersprechen gefällt und gern viele Worte macht, unfähig sei, nirgend etwas gründlich zu erlernen. Es heißt von ihm, aber die Annahme ist zweifelhaft, daß er den Sophisten Protagoras entdeckt und erzogen habe, dessen scharfsinnige Unterhaltung ihn nicht minder frappirte als seine Art, das Holz in Bündel zu binden, — er war Holzhauer. Demokrit kehrte arm von seinen Reisen zurück; seine Brüder unterstützten ihn. Endlich schrieb er sein großes Werk: „Diakosmos" das er öffentlich in seiner Vaterstadt vortrug. Seine Landsleute erwiesen ihm Ehren verschiedenster Art und er starb heiter in hohem Alter.

Die von Demokrit ausgesprochenen Prinzipien offenbaren seinen unversöhnlichen Antagonismus gegen diejenigen, welche die Naturerscheinungen auf die Launen der Götter zurückführten. Diese Prinzipien sind kurz die folgenden:

1. Aus nichts entsteht nichts. Nichts, was besteht, kann

zerstört werden. Alle Veränderungen entstehen durch die Verbindung und Trennung der Moleculen.

2. Nichts geschieht durch Zufall. Jedes Vorkommniß hat seine Ursache, aus der es mit Nothwendigkeit folgt.

3. Die einzigen existirenden Dinge sind die Atome und leerer Raum; alles andere ist nur Ansicht.

4. Die Atome sind unendlich an Zahl und unendlich verschieden an Gestalt; sie stoßen an einander und die Seitenbewegungen und Schwingungen, welche so entstehen, sind die Anfänge von Welten.

5. Die Mannigfaltigkeit aller Dinge hängt von der Mannigfaltigkeit ihrer Atome an Zahl, Gestalt und Mengung ab.

6. Die Seele besteht aus freien, glatten, runden Atomen, wie die des Feuers. Das sind die beweglichsten aller Atome. Sie durchdringen den ganzen Körper und in ihren Bewegungen entstehen die Erscheinungen des Lebens.

Die fünf ersten Sätze kann man als den Inbegriff dessen bezeichnen, was noch heute für die atomistische Philosophie gilt. Was den sechsten anlangt, so ließ Demokrit seine glatten, runden Atome an der Stelle des Nervensystems, dessen Funktionen damals unbekannt waren, fungiren.

Die Atome des Demokrit sind einzeln ohne Empfindung. Sie verbinden sich, indem sie mechanischen Gesetzen gehorchen und nicht nur organische Formen, sondern auch die Erscheinungen der Empfindung und des Denkens sind das Ergebniß ihrer Verbindung.

Das große Räthsel, die auserlesene Anpassung der verschiedenen Theile des Organismus an einander und an die Bedingungen des Lebens, insbesondere die Construction des menschlichen Körpers zu lösen, machte Demokrit keinen Versuch.

Empedokles, ein Mann von feurigem Temperament und einer poetischen Natur, führte die Idee der Liebe und des Hasses in die Atome ein, um ihre Verbindung und Trennung zu erklären. Als er diese Lücke in der Lehre des Demokrit entdeckte, trat er mit dem, wenn auch mit einigen verwegenen Spekulationen verknüpften scharfsinnigen Gedanken hervor, daß es in der Natur jener Verbindungen, welche ihren Zwecken entsprächen, mit anderen Worten mit ihren Umgebungen in Einklang ständen, liege, sich zu behaupten, während ungeeignete Verbindungen, die keine eigentliche Heimathsberechtigung haben, rascher schwinden müssen. So hatte schon vor mehr als 2000 Jahren die Lehre des „Ueberlebens des Fähigsten," welche in unseren Tagen nicht auf Grund vager Conjecturen, sondern positiven Wissens durch Darwin zu außerordentlicher Bedeutung erhoben worden ist, einen mindestens theilweisen Ausdruck gefunden[*]).

Epikur[**]), angeblich der Sohn eines armen Schullehrers auf Samos, ist die nächste hervorragende Gestalt in der Geschichte der atomistischen Philosophie. Er machte sich die Schriften des Demokrit zu eigen, hörte Vorlesungen in Athen, kehrte nach Samos zurück und durchreiste später verschiedene Länder. Schließlich kehrte er nach Athen zurück, wo er sich einen Garten kaufte und sich mit Schülern umgab, in deren Mitte er ein reines heiteres Leben führte und eines friedlichen Todes starb.

Demokrit betrachtete die Seele als den veredelnden Theil des Menschen; selbst Schönheit ohne Geist gehörte für ihn zum thierischen Theil. Auch Epikur schätzte den Geist höher als den Körper; das Vergnügen des Körpers war für ihn ein vorübergehendes, während der Geist der Zukunft und der Vergangenheit zugleich theilhaftig werden konnte.

---

[*]) Lange. 2. Aufl. pag. 23. [**]) geboren 342 vor Chr.

Seine Philosophie war mit der des Demokrit fast identisch, aber er citirte nie weder Freund noch Feind. Ein Hauptzweck des Epikur war, die Welt vom Aberglauben und der Todesfurcht zu befreien. Den Tod behandelte er als etwas gleichgültiges; er beraubt uns nur der Empfindung. So lange wir existiren ist der Tod nicht und wenn der Tod ist, sind wir nicht. Das Leben bietet keine Uebel mehr für den, der mit sich darüber im Reinen ist, daß es kein Uebel ist, nicht zu leben. Epikur verehrte die Götter, aber nicht in der gewöhnlichen Weise. Die angemessen gereinigte Idee der göttlichen Macht hielt er für eine erhebende. Aber doch lehrt er: „Nicht der ist gottlos, welcher die Götter des Haufens verwirft, sondern vielmehr der, welcher sich zu ihnen bekennt." Die Götter waren für ihn ewige und unsterbliche Wesen, deren Seligkeit jeden Gedanken an Sorge oder Beschäftigung irgend welcher Art ausschloß. Die Natur verfolgt ihren Lauf in Gemäßheit ewiger Gesetze, ohne daß die Götter sich jemals darein mischen. Sie bewohnen

„Den Raum, der leuchtet zwischen Welt und Welten,
Der wolkenlos von keinem Hauch durchweht,
Wo nie vom Schnee der kleinste Flocken fällt,
Noch je der Donner leise rollend tönt,
Noch auch der Menschen Sorge störend bringt
In ihre heil'ge, ew'ge, sel'ge Ruh'*)."

Lange betrachtet das Verhältniß Epikur's zu den Göttern „als subjectiv," wahrscheinlich die Neigung eines ethischen Bedürfnisses seiner eigenen Natur. Wir können die Geschichte nicht mit offenen Augen lesen, oder die menschliche Natur bis in ihre Tiefen studiren, ohne das Vorhandensein eines solchen Bedürfnisses anzuerkennen. Der Mensch hat sich nie mit den Opera-

---
*) Tennyson's Lucrez.

tionen und Produkten des Verstandes allein begnügt und wird sich nie damit begnügen; daher kann die Naturwissenschaft nicht alle Bedürfnisse seiner Natur befriedigen. Aber die Geschichte der Versuche, diese Bedürfnisse zu befriedigen, könnte im Großen und Ganzen als eine Geschichte von Irrthümern bezeichnet werden, indem der Irrthum zum großen Theil darin besteht, daß man das fixiren will, was seiner Natur nach flüssig ist, was sich verändert je nachdem wir uns verändern, was grob ist wenn unsere Vorstellungen grob sind und was in dem Maße wie unsere Fassungskraft sich erweitert abstracter und erhabener wird. Ueber einen großen Punkt fühlte sich Epikur's Geist beruhigt. Weder hier auf Erden noch später suchte oder erwartete er einen persönlichen Vortheil von seinem Verhältniß zu den Göttern. Und es ist wohl unbestreitbar, daß Erhabenheit und Heiterkeit der Seele durch Ideen, welche keinem Gedanken an einen solchen Vortheil Raum geben, befördert werden müssen. „Wenn ich nicht glaubte," sagte einst ein großer Mann zu mir, „daß eine Intelligenz den Dingen innewohne, würde mir das Leben auf Erden unerträglich sein." Der diesen Ausspruch that, erscheint nach meiner Ansicht nicht weniger edel, sondern edler dadurch, daß es das Bedürfniß ethischer Harmonie hier auf Erden und nicht der Gedanke an einen persönlichen Vortheil nach diesem Leben war, was ihm jene Bemerkung eingab.

Menschen, die weder der höchsten noch der niedrigsten geistigen Sphäre angehören, läßt oft vollkommene Klarheit auf Mangel an Tiefe schließen. Sie finden Trost und Erbauung in einer abstracten und gelehrten Phraseologie. Einigen dieser Leute erschien Epikur, der keine Mühe scheuete seinen Stil von allem Trüben und Unklaren freizumachen, eben deshalb oberflächlich. Er hatte jedoch einen Schüler, der es für keine unwürdige Beschäftigung hielt seine Tage und Nächte in dem Bemühen zuzubringen, die Klarheit seines Lehrers zu erreichen und welchem der griechische Philosoph die Verbreitung und Unsterblichkeit seines Rufes hauptsächlich zu verdanken hat. Ungefähr zwei Jahrhunderte nach dem Tode Epikur's schrieb Lucrez*) sein großes Gedicht „Ueber die Natur der Dinge," in welchem er, ein Römer, mit außerordentlichem Eifer die Philosophie seines griechischen Vorgängers entwickelte. Er wünscht seinen Freund Memnius für die Schule des Epikur zu gewinnen und, obgleich er ihm keine Belohnung in einem künftigen Leben zu bieten hat, obgleich sein Zweck ein rein negativer zu sein scheint, redet er zu seinem Freunde mit dem Feuereifer eines Apostels. Sein Zweck ist, wie der seines großen Vorläufers, die Zerstörung des Aberglaubens und wenn man erwägt, daß die Menschen vor jedem Naturereigniß wie vor einer directen Mahnung der Götter zitterten und daß sie auch ewige Qualen erwarteten, darf man die Freiheit, welche Lucrez anstrebte, vielleicht als ein positives Gut betrachten. „Dieser Schrecken und dieses Dunkel," sagte er, „müssen zerstreut werden, nicht durch die Strahlen der Sonne und die glänzenden Pfeile des Tages, sondern durch den Anblick und die Gesetze der Natur. Er widerlegt die Vorstellung, daß Etwas aus Nichts entstehen könne, oder, daß was einmal entstanden sei, wieder in das Nichts zurückgeführt werden könne. Die ersten Anfänge, die Atome, sind unzerstörbar und in sie können schließlich alle Dinge wieder aufgelöst werden, Körper sind theils Atome, theils Verbindungen von Atomen; aber die Atome können durch nichts zerstört werden. Sie sind stark in ihrer festen Vereinzelung und durch ihre dichtere Verbindung können alle Dinge eng zusammengedrängt werden

---

*) geboren 99 vor Chr.

und dauernde Kraft gewinnen. Er leugnet, daß die Materie unendlich theilbar sei. Wir stoßen schließlich auf die Atome, ohne welche, als ein unzerstörbares Substrat, alle Ordnung in der Erzeugung und Entwicklung der Dinge vernichtet werden würde.

Da der mechanische Zusammenstoß der Atome, nach seiner Auffassung, die vollkommen ausreichende Ursache der Dinge ist, so bekämpft er die Vorstellung, daß die Bildung der Natur in irgend einer Weise nach einem intelligenten Plane vor sich gegangen sei. Die Wechselwirkung der Atome während einer unendlichen Zeit machte jede Art der Verbindung möglich. Von diesen dauerten die fähigen aus, während die unfähigen verschwanden. Nicht nach weiser Ueberlegung stellten sich die Atome an den rechten Platz, noch schlossen sie einen Handel darüber ab, welche Bewegungen sie annehmen sollten. Von aller Ewigkeit her sind sie zusammen getrieben und nachdem sie Bewegungen und Vereinigungen jeder Art versucht hatten, kamen sie zuletzt in die Lage, aus welcher sich der gegenwärtige Zustand der Dinge herausgebildet hat. „Wenn du diese Dinge erfassen und festhalten willst, so wird dir klar sein, daß die so frei gewordene und ihrer hochmüthigen Herren entledigte Natur alle Dinge, ohne Einmischung der Götter, unwillkürlich von selbst thut." Um dem Einwande, daß seine Atome nicht gesehen werden können, zu begegnen, beschreibt Lucrez einen heftigen Sturm und zeigt, daß die unsichtbaren Theilchen der Luft in derselben Weise verfahren, wie die sichtbaren Theilchen des Wassers. So gewahren wir auch die verschiedenen Gerüche der Dinge und sehen sie doch niemals an unsere Nase herankommen So werden auch Kleidungsstücke, welche an einem Ufer, an dem sich die Wellen brechen, aufgehängt sind, feucht und dann wieder, wenn sie in der Sonne ausgebreitet waren, trocken, obgleich kein Auge weder das Herannahen, noch das Verschwinden der Wassertheilchen sehen kann. Ein lange am Finger getragener Ring wird dünner, ein Tropfen höhlt den Stein, die Pflugschar schleift sich auf dem Felde ab, das Straßenpflaster nutzt sich durch die Füße ab; aber wir können die in jedem Augenblicke verschwindenden Theilchen nicht sehen. Die Natur wirkt durch unsichtbare Theilchen.

Die vorstehenden Angaben beweisen, daß Lucrez eine lebhafte, wissenschaftliche Einbildungskraft hatte. Eine schöne Illustration dieser Einbildungskraft ist seine Erklärung der anscheinenden Ruhe der Körper, deren Atome in Bewegung sind. Er gebraucht das Bild von Schafen mit hüpfenden Lämmern, welche aus der Entfernung gesehen sich nur als ein weißer Fleck auf dem grünen Hügel darstellen, während das Springen der einzelnen Lämmer ganz unsichtbar bleibt.

Seine unbestimmt=große Idee von den sich durch unendliche Reihen von Zeit und Raum schweigend ergießenden Atomen gab Kant die von ihm zuerst aufgestellte Hypothese in Betreff der Nebelsterne an die Hand. Weit über das Bereich unserer sichtbaren Welt hinaus finden sich unzählige Atome, welche niemals zu Körpern vereinigt waren oder welche, wenn sie es je waren, wieder zerstreut sind und sich schweigend durch unendliche Reihen von Zeit und Raum ergießen. Wie sich überall im Weltall dieselben Bedingungen wiederholen, so müssen sich auch die Erscheinungen wiederholen: Ueber uns, unter uns, neben uns sind daher endlose Welten und das muß bei näherer Erwägung jeden Gedanken an eine willkürliche Abweichung von den Gesetzen des Universums durch die Götter zerstreuen. Die Welten kommen und gehen, indem sie neue Atome aus unbegrenzten Räumen anziehen.

Der bekannte Tod des Lucrez, der dem schönen Gedichte

Tennyson's zu Grunde liegt, stimmt vollkommen mit seiner Philosophie überein, welche streng und rein war.

Noch früher als diese drei Philosophen und während der, zwischen dem ersten und dem letzten derselben liegenden Jahrhunderte war der menschliche Geist auch noch auf anderen Gebieten thätig. Pythagoras hatte eine Schule von Mathematikern gegründet und seine Experimente über die musikalischen Intervalle gemacht. Die Sophisten hatten ihre Laufbahn durchgemacht. In Athen waren Sokrates, Plato und Aristoteles erschienen, welche die Sophisten stürzten und deren Joch noch bis auf diese Stunde nicht völlig abgeschüttelt ist. Während dieser Periode wurde auch die Schule von Alexandrien gegründet. Euklid schrieb seine „Elemente" und machte einige Fortschritte in der Optik. Archimedes hatte die Theorie des Hebels und die Prinzipien der Hydrostatik festgestellt. Die Astronomie wurde durch die Entdeckungen des Hipparch, welchem der historisch berühmtere Ptolomäus folgte, außerordentlich bereichert. Die Anatomie war zur Basis der wissenschaftlichen Medizin gemacht worden und nach Draper's[*] Behauptung machte man damals den Anfang mit der Vivisection. In der That hatte die Wissenschaft des alten Griechenland schon damals die Welt von den phantastischen Bildern von Gottheiten gereinigt, welche nach ihrer Willkür mit Naturerscheinungen schalten. Sie hatte sich von dieser furchtlosen Untersuchung „lediglich durch das innere Licht des Geistes frei gemacht," welcher vergebens versucht hatte über die Erfahrung hinauszugehen und zur Erkenntniß letzter Ursachen zu gelangen. Statt zufälliger Beobachtung hatte sie zweckbewußte Beobachtung eingeführt, Instrumente wurden gebraucht, um den Sinnen zu

---

[*] History of the Intellectual Development of Europe p. 295.

Hülfe zu kommen und wissenschaftliche Methode wurde durch die Vereinigung von Induction und Erfahrung in hohem Grade vervollkommnet.

Was that denn seinem siegreichen Fortschreiten Einhalt? Warum wurde der wissenschaftliche Geist genöthigt, wie ein erschöpfter Boden fast zwei Jahrtausende brach zu liegen, bevor er die zu seiner Fruchtbarkeit und Kraft nothwendigen Elemente wiedergewinnen konnte?

Baco hat uns bereits mit einer Ursache bekannt gemacht; Whewell schreibt diese Periode des Stillstandes vier Ursachen zu: der Verdunkelung des Gedankens, der Servilität, der Intoleranz und dem Enthusiasmus und bringt für jede dieser Ursachen schlagende Belege*) bei. Aber diese charakteristischen Eigenschaften müssen ihre Ursachen gehabt haben, welche in den Verhältnissen der Zeit lagen. Rom und die übrigen Städte des römischen Reiches waren in einen Zustand moralischer Fäulniß gerathen. Das Christenthum war erschienen, hatte den Armen das Evangelium gepredigt und hatte durch Beförderung einer mäßigen, wenn nicht ascetischen Lebensweise praktisch gegen die Verworfenheit des Zeitalters protestirt. Die Leiden der ersten Christen und die außerordentliche Begeisterung, welche sie in den Stand setzte, über die teuflischen Martern, mit denen sie gepeinigt wurden, zu triumphiren, müssen nicht leicht vertilgbare Spuren bei ihnen zurückgelassen haben. „Sie verachteten die Erde in Aussicht auf die nicht von Menschenhänden gemachte ewige Wohnung im Himmel." Die Schriften, welche zur Befriedigung ihrer geistlichen Bedürfnisse dienten, bildeten auch das Maß ihres Wissens. Als z. B. die berühmte Frage der Anti=

---

*) History of the inductive Sciences. Volume I.

poden zur Erörterung kam, war die Bibel für viele die letzte Instanz. Augustinus (400 n. Chr.) wollte zwar die Rundheit der Erde nicht leugnen, wohl aber die Möglichkeit der Existenz von Bewohnern auf der andern Seite, „weil keines solchen Stammes in der heiligen Schrift unter den Nachkommen Adam's Erwähnung geschieht." Erzbischof Bonifacius war entsetzt über die Annahme einer „Welt voll menschlicher Wesen, denen die Mittel des Heiles nicht erreichbar seien." So eingeengt hatte die Wissenschaft wenig Aussicht große Fortschritte zu machen. Später muß der von Draper so anschaulich geschilderte politische und theologische Streit zwischen der Kirche und den weltlichen Regierungen viel dazu beigetragen haben, die Forschung zu ersticken.

Whewell macht viele scharfsinnige und vortreffliche Bemerkungen in Betreff des Geistes des Mittelalters. Es war ein knechtischer Geist. Die Forscher auf dem Gebiete der Naturwissenschaft hatten jene Quelle lebendigen Wassers, den directen Appell an die Natur durch Beobachtung und Experiment verlassen und sich der Wiederaufnahme der Vorstellungen ihrer Vorgänger hingegeben. Es war eine Zeit, wo der Gedanke verachtet war und wo der Autoritätsglaube, wie er es immer in der Wissenschaft thut, zu geistigem Tode führte. Naturereignisse wurden anstatt auf physische auf moralische Ursachen zurückgeführt, während ein Waltenlassen der Phantasie, das fast so entwürdigend war wie der Spiritualismus unserer Tage, an die Stelle wissenschaftlicher Spekulation trat. Dann kam der Mysticismus des Mittelalters, Magie, Alchemie und die neuplatonische Philosophie mit ihren visionären, wenn auch erhabenen Abstractionen, welche die Menschen dazu brachten, sich ihrer Leiber, als dem Aufgehen des Geschöpfes in die Seligkeit des

Schöpfers hinderlich, zu schämen. Endlich kam die scholastische Philosophie, nach Lange eine Fusion der unreiffsten Ideen des Aristoteles mit dem Christenthum des Westens. Das Resultat war geistiger Stillstand. Wie ein Reisender ohne Compaß lange im Nebel umher wandern kann und während er weiter zu kommen glaubt, sich nach stundenlangem, anstrengendem Marsche wieder an seinem Ausgangspunkte befindet, befanden sich die Scholastiker, nachdem sie dieselben Knoten geknüpft und gelöst und dieselben Wolken gebildet und zerstreut hatten, nach Jahrhunderten noch auf demselben Punkte.

Ueber den von Aristoteles im Mittelalter und, wenn auch in einem geringern Grade, noch jetzt ausgeübten Einfluß, möchte ich mir eine Bemerkung erlauben. Wenn ein menschlicher Geist auf irgend einem Gebiete Großes erreicht und Beweise einer außerordentlichen Begabung gegeben hat, so macht sich eine Tendenz geltend, demselben eine ähnliche Begabung auf allen anderen Gebieten zuzutrauen. So haben Theologen Trost und Beruhigung in dem Gedanken gefunden, daß sich Newton mit der Frage der Offenbarung beschäftigt habe und haben dabei die Thatsache ganz außer Augen gelassen, daß grade die Hingabe seiner Kräfte während seiner besten Lebensjahre an einen ganz andern Ideenkreis, ganz abgesehen von einer etwaigen natürlichen Unfähigkeit, ihn nicht mehr sondern weniger geeignet machen mußte, sich mit theologischen und historischen Fragen zu befassen. So machte es im Hinblick auf Goethe's dichterische Größe und auf seine positiven Entdeckungen im Gebiete der Naturwissenschaften, auf die deutschen Maler einen tiefen Eindruck, als er in seiner Farbenlehre den Versuch machte, Newton's Farbentheorie über den Haufen zu werfen. Die Theorie hielt er für so augenscheinlich absurd, daß er ihren Urheber als einen

Charlatan betrachtete und ihn mit einer, dieser Auffassung entsprechenden Leidenschaftlichkeit der Sprache angriff. Auf dem Gebiete der Naturwissenschaften hatte Goethe wirklich bedeutende Entdeckungen gemacht, und wir sind in hohem Grade zu der Annahme berechtigt, daß, hätte er sich diesem Gebiete der Wissenschaft ganz gewidmet, er auf demselben eine, seiner dichterischen vergleichbare Höhe erreicht haben würde. In der Schärfe der Beobachtung, in der Auffindung noch so entfernter Analogien, in der Klassifikation und Organisation von Thatsachen, in Gemäßheit der von ihm beobachteten Analogien, besaß Goethe eine außerordentliche Begabung. Diese Elemente wissenschaftlicher Untersuchung fallen mit den für den Dichter erforderlichen Eigenschaften zusammen. Andererseits aber kann ein für die Naturwissenschaften so reich begabter Geist in Bezug auf die im engern Sinne physikalischen und mechanischen Wissenschaften fast ganz unbegabt sein. So war es bei Goethe. Er konnte keine bestimmte mechanische Vorstellungen fassen, er hatte kein Verständniß für die Kraft mechanischer Argumentationen, und auf Gebieten, welche von solchen Argumentationen beherrscht werden, war er nur ein ignis fatuus für diejenigen, welche ihm folgten.

Ich habe mir bisweilen erlaubt, Aristoteles mit Goethe zu vergleichen, dem Stagiriten eine fast übermenschliche Fähigkeit der Sammlung und Systematisirung von Thatsachen zuzuerkennen, ihn aber für verhängnißvoll mangelhaft organisirt für dasjenige geistige Gebiet zu halten, in Bezug auf welches ich Goethe als unzulänglich begabt bezeichnet habe. Whewell führt die Irrthümer des Aristoteles nicht auf eine Vernachlässigung der Thatsachen, sondern auf eine Vernachlässigung der den Thatsachen entsprechenden Idee zurück, „der Idee der mechanischen Ursache, welche Kraft ist und die Ersetzung dieser Idee durch vage oder unanwendbare Vorstellungen, die nur räumliche Beziehungen oder Gefühle des Staunens enthalten." Das ist unzweifelhaft richtig; aber das Wort „Vernachlässigung" bezieht sich auf eine rein geistige Mißleitung, während es bei Aristoteles wie bei Goethe, glaube ich, nicht reine Mißleitung, sondern reine natürliche Unfähigkeit war, was seinen Irrthümern zu Grunde lag. Als Physiker entwickelte Aristoteles, was wir für die schlechtesten Eigenschaften eines modernen physikalischen Forschers halten würden: Unklarheit der Ideen, geistige Verwirrung und eine zuversichtliche Sprache, welche die trügerische Vorstellung veranlaßte, daß er wirklich seinen Gegenstand beherrsche, während er noch nicht einmal die Elemente desselben erfaßt hatte. Er setzte Worte an die Stelle von Dingen; Subject an die Stelle von Object. Er pries Induction ohne sie praktisch zu üben, indem er den richtigen Gang der Untersuchung umdrehete und von dem Allgemeinen zum Besondern, statt vom Besondern zum Allgemeinen vorschritt. Er machte aus dem Universum eine geschlossene Sphäre, in deren Mittelpunkt er die Erde setzte, indem er von allgemeinen Prinzipien aus, zu seiner eigenen und zu der fast zweitausendjährigen Genugthuung der Welt bewies, daß kein anderes Universum möglich sei. Seine Begriffe von Bewegung waren völlig unphysikalisch. Die Bewegung war ihm „natürlich oder unnatürlich," „besser oder schlechter," „ruhig oder heftig;" aber keine wirklich mechanische Vorstellung derselben schwebte ihm dabei vor. Er versicherte, daß es kein Vacuum geben könne und bewies, daß, wenn es eines gäbe, Bewegung in demselben unmöglich sein würde. Er bestimmte a priori, wie viele Arten von Thieren es geben müsse, und zeigte auf Grund allgemeiner Prinzipien, warum Thiere diese und jene Theile haben müßten. Wenn ein bedeutender zeitgenössischer Naturforscher, dem solche

Irrthümer fern liegen, sich der Mißbräuche dieser a priori-Methode erinnert, so wird er das Mißtrauen der Physiker gegen die Annahme einer sogenannten a priori-Wahrheit erklärlich finden. Auch im Detail machte sich Aristoteles, wie Eucken und Lang nachgewiesen haben, vieler schwerer Irrthümer schuldig. Er behauptete, daß nur bei dem Menschen der Herzschlag stattfinde, daß die linke Seite des Körpers kälter sei, als die rechte, daß der Mann mehr Zähne habe, als das Weib, und daß es einen leeren Raum an der Rückseite des menschlichen Kopfes gäbe.

Es giebt für physikalische Arbeiten eine wesentliche Eigenschaft, welche den Arbeiten des Aristoteles und seiner Nachfolger gänzlich fehlte. Ich wünschte, ich könnte diese Eigenschaft durch ein, nicht durch Nebenvorstellungen irreleitendes Wort bezeichnen; es bedeutet eine Fähigkeit, dem Geiste etwas als ein zusammenhängendes Bild vorzuführen. Die Deutschen bezeichnen das Malen dieses Bildes durch das Wort „vorstellen" und das Bild nennen sie eine „Vorstellung." Wir haben im Englischen kein Wort, welches unsern Bedürfnissen besser entspräche als „Imagination," und wenn man es mit den nöthigen Einschränkungen benutzt, entspricht das Wort auch unserm Zwecke sehr gut; aber wie ich es bereits oben angedeutet habe, ist der Gebrauch des Wortes durch seine Nebenbedeutungen einigen unangenehm. Man vergleiche im Hinblick auf diese Fähigkeit geistiger Vorstellung den Fall des Aristotelikers, der das Aufsteigen des Wassers in einer Pumpe auf den Abscheu der Natur vor dem Vacuum zurückführt, mit dem Pascal's, der die Frage des atmosphärischen Druckes durch das Besteigen des Puy de Dome zu lösen proponirte. In dem einen Falle wollen sich die Momente der Erklärung nicht zu einem physikalischen Bilde zusammenfügen, in dem andern ist das Bild deutlich, indem das Fallen und Steigen

des Barometers ein klares Bild für die Herstellung des Gleich=
gewichtes zwischen zwei schwankenden und einander gegenüberste=
henden Drucken gewährt.

Während dieser Dürre des christlichen Mittelalters war der
arabische Geist, wie Draper es anschaulich entwickelt hat, thätig.
Mit dem Eindringen der Mauren in Spanien traten Reinlich=
keit, Ordnung, Wissen und Verfeinerung an die Stelle der ent=
gegengesetzten Eigenschaften. Von Krankheit heimgesucht, suchte
der christliche Bauer Hülfe bei einem Heiligenschreine, der mau=
rische bei einem unterrichteten Arzte. Die Araber munterten zu
Uebersetzungen aus den griechischen Philosophen, aber nicht aus
den Dichtern auf. Sie wandten sich mit Ekel von der Unzüch=
tigkeit unserer klassischen Mythologie ab und denuncirten jede
Verbindung des unreinen olympischen Zeus mit dem Höchsten
als eine unverzeihliche Blasphemie. Draper verfolgt die Spuren
des arabischen Elementes in unseren wissenschaftlichen Ausdrücken
noch weiter als Whewell. Er giebt Beispiele von dem, was
arabische Männer der Wissenschaft leisteten und verweilt nament=
lich bei Alhazen, dem ersten, welcher die platonische Vorstellung,
daß Lichtstrahlen vom Auge ausströmen, berichtigt. Er entdeckte
die atmosphärische Refraction und zeigte, daß wir die Sonne und
den Mond noch, nachdem sie untergegangen sind, sehen. Er er=
klärt die Vergrößerung der Sonne und des Mondes und die
Verkürzung der vertikalen Diameter dieser beiden Körper, wenn
sie dem Horizonte nahe sind. Er weiß, daß die Atmosphäre mit
steigender Höhe an Dichtigkeit abnimmt und fixirt ihre Höhe auf
58½ miles. In dem Buche von der Gleichgewichts=Weisheit
setzt er den Zusammenhang des Gewichtes der Atmosphäre mit
ihrer zunehmenden Dichtigkeit auseinander. Er zeigt, daß das
Gewicht eines Körpers verschieden ist in einer dünnen und in

einer dichten Atmosphäre; er betrachtet die Kraft, mit welcher versenkte Gegenstände durch schwerere Media emporsteigen. Er versteht die Lehre von dem Schwerpunkt und wendet sie auf die Untersuchung von Waagen und Schnellwaagen an. Er anerkennt die Schwere als eine Kraft, obgleich er in den Irrthum verfällt, sie sich einfach mit der zunehmenden Entfernung vermindern zu lassen und sie zu einer nur für irdische Verhältnisse anwendbaren Kraft zu machen. Er kennt die Beziehung zwischen den Schnelligkeiten, Räumen und Zeiten fallender Körper und hat bestimmte Ideen über Capillar-Attraction. Er verbessert den Hydrometer. Die Bestimmung der Dichtigkeiten von Körpern, wie sie Alhazen giebt, kommt der unsrigen sehr nahe. „Ich schließe mich," sagte Draper, „dem frommen Gebete Alhazen's an, daß am Tage des jüngsten Gerichtes der Allbarmherzige sich der Seele Abur-Raihâns erbarmen möge, weil er der erste Mensch war, der einen Tisch von spezifischer Schwere construirte." Wenn alles das historische Wahrheit ist, und ich habe volles Vertrauen zu Dr. Draper, so hat er wohl Grund, die systematische Weise zu beklagen, mit welcher die europäische Literatur es verstanden hat, uns unsere wissenschaftlichen Verpflichtungen gegen die Araber vergessen zu machen*).

Die Richtnng des Geistes während dieser Periode des Stillstandes, auf die Beschäftigung mit ausschließlich irdischen Dingen, unter Vernachlässigung nahe liegender Probleme, mußte nothwendigerweise eine Reaktion hervorrufen. Aber die Reaktion ging schrittweise vor sich, denn der Boden war gefährlich, da eine Gewalt vorhanden war, die den zu verwegenen Kritiker zermalmen konnte. Um diese Gewalt zu umgehen und doch die

---

*) Intellectual Development of Europe p. 359.

Möglichkeit einer Meinungsäußerung zu wahren, wurde die Lehre von der doppelseitigen Wahrheit erfunden, vermöge deren **eine** Meinung sich „theologisch" und die entgegengesetzte „phylosophisch" behaupten läßt*). So wurden im dreizehnten Jahrhundert die Erschaffung der Welt in sechs Tagen und die Unveränderlichkeit der menschlichen Seele, welche von Thomas von Aquino so bestimmt behauptet worden waren, beide theologisch geleugnet, aber als katholische Glaubenssätze für wahr erklärt.

Als Protagoras die Maxime aufstellte, welche ihm so viel Tadel zuzog, daß entgegengesetzte Ansichten gleich wahr seien, wollte er damit nur sagen, daß menschliche Wesen in ihren Ansichten so weit von einander abweichen, daß das, was für den einen subjektiv **wahr** sei, für den andern subjektiv **unwahr** sein könne. Der große Sophist dachte nicht daran, es mit der Wahrheit leicht zu nehmen und zu behaupten, daß eine von zweien, von demselben Individuum aufgestellten Behauptungen denkbarerweise keine Lüge sein könne. Es war nicht „Sophisterei" sondern die Furcht vor theologischer Rache, was dieses doppelte Spiel mit der Ueberzeugung erzeugte und es ist merkwürdig zu beobachten, welche Ausflüchte Männern, die in dem Gebrauche der Künste dieser Art geschickt waren, zu Gebote standen.

Gegen das Ende der Periode des Stillstandes bemächtigte sich ein Wortüberdruß, wenn ich mich des Ausdruckes bedienen darf, des menschlichen Geistes. Das Christenthum war von der Schulphilosophie und ihren Wortverschwendungen, die zu keinem Resultate führten, und den Geist in einem ewigen Nebel ließen, übersättigt. Hier und da vernahm man eine ungeduldig durch die Wüste rufende Stimme: nicht von Aristoteles, nicht von

---

*) Lange, zweite Ausgabe p. 181. 182.

subtilen Hypothesen, nicht von der Kirche, der Bibel oder der blinden Tradition dürfen wir die Erkenntniß des Universums erwarten, sondern nur von der directen Erforschung der Natur durch Beobachtung und Experiment. Im Jahre 1543 erschien das epochemachende Werk des Kopernikus über die Bahn der Himmelskörper. Der totale Umsturz des aristotelischen geschlossenen Universums, mit der Erde als Centrum, war die Folge und „die Erde bewegt sich" wurde eine Art von Losungswort unter den geistig Freien.

Kopernikus war Domherr der Kirche in Frauenburg in der Diöcese Ermeland. Dreiunddreißig Jahre lang hatte er zurückgezogen von der Welt gelebt und sich der Ausarbeitung seines großen Planes des Sonnen-Systems gewidmet. Er baute dasselbe auf unvergänglichen Grundlagen auf und selbst denen, die sein System fürchteten und den Umsturz desselben herbeisehnten, leuchtete seine Stärke so sehr ein, daß sie sich eine Zeit lang jeder Einmischung enthielten. Das Buch des Kopernikus erschien in seinem letzten Lebensjahre; man sagt, der Greis habe ein Exemplar desselben wenige Tage vor seinem Tode erhalten und sei dann in Frieden gestorben.

Einer der frühesten Convertiten der neuen Astronomie war der italienische Naturforscher Giordano Bruno. Indem er sich Lucrez zum Vorbilde nahm, erweckte er die Idee der Unendlichkeit der Welten zu neuem Leben und gelangte, indem er die Lehre des Kopernikus damit in Verbindung brachte, zu der erhabenen Verallgemeinerung, daß die Fixsterne unzählige, im Raume zerstreute und von Satelliten, welche in demselben Verhältniß zu ihnen stehen, wie unsere Erde zu unserer Sonne, oder unser Mond zu unserer Erde, begleitete Sonnen seien. Schon das war eine Erweiterung von außerordentlicher Wichtigkeit, aber Bruno kam unserer heutigen Anschauung noch näher. Nachdem ihn das Problem der Erzeugung und Erhaltung der Organismen lange beschäftigt hatte, kam er zu dem Schlusse, daß die Natur an ihren Productionen die Technik des Menschen nicht nachahme. Sie geht auf dem Wege der Entwirrung und Entfaltung vor. Die Unendlichkeit der Formen, unter welchen der Stoff erscheint, ist ihm nicht von außen her von einem Künstler auferlegt, sondern seine eigene innere Kraft bringt diese Formen hervor. Der Stoff ist nicht nur die nackte leere Fähigkeit, als welche Philosophen ihn dargestellt haben, sondern die allgemeine Mutter, welche alle Dinge als die Frucht ihres Leibes hervorbringt. Der Mann, der das so offen aussprach, war ursprünglich ein Dominikanermönch. Er wurde der Ketzerei beschuldigt, mußte fliehen und suchte eine Zufluchtsstätte in Genf, Paris, England und Deutschland. 1592 fiel er in Venedig der Inquisition in die Hände. Nach jahrelanger Gefangenschaft während der gegen ihn geführten Untersuchung wurde er degradirt, excommunicirt und den bürgerlichen Behörden mit dem Ersuchen übergeben, ihn mit Milde und „ohne Blutvergießen" zu behandeln. Das heißt, er solle verbrannt werden und demgemäß wurde er am 16. Februar 1600 verbrannt.

Um einem ähnlichen Schicksale zu entgehen, schwur Gallilei dreiunddreißig Jahre später auf seinen Knieen, die Hand auf den heiligen Evangelien, die heliocentrische Lehre, von der er wußte, daß sie wahr sei, ab.

Nach Gallilei kam Keppler, der von seiner deutschen Heimath aus der Gewalt jenseits der Alpen Trotz bot. Er erforschte von vorhandenen Beobachtungen aus die Gesetze der planetarischen Bewegung.

So war das Problem für Newton vorbereitet, welcher

die empirischen Gesetze durch das Prinzip der Gravitation verband.

Im siebzehnten Jahrhundert erschienen nach einander die Wiederhersteller der Philosophie Baco und Descartes. Verschieden wie ihre Begabung und Erziehung waren auch ihre philosophischen Tendenzen. Baco bekannte sich zur Induktion, indem er fest an die Existenz einer äußern Welt glaubte und gesammelte Erfahrungen zur Basis alles Wissens machte. Die mathematischen Studien des Descartes gaben ihm eine Richtung auf Deduktion und sein Grundprinzip war wesentlich dasselbe wie das des Protagoras, der das Individuum zum Maßstabe aller Dinge machte. „Ich denke und daher bin ich," sagte Descartes. Nur seine eigene Identität war ihm gewiß und die Entwicklung dieses Systems würde zu einem Idealismus geführt haben, in welchem die äußere Welt sich zu einer reinen Erscheinung des Bewußtseins aufgelöst haben würde. Gassendi, ein Zeitgenosse Descartes', von dem wir noch mehr hören werden, wies alsbald darauf hin, daß die Thatsache der persönlichen Existenz ebenso gut durch Bezugnahme auf jeden andern Akt, wie durch Bezugnahme auf den Akt des Denkens bewiesen werden könnte: „Ich esse, daher bin ich" oder: „Ich liebe, daher bin ich" würden zwei völlig gleich bündige Schlüsse sein. Lichtenberg bewies, daß das, auf dessen Beweis es ankomme, unvermeidlich in den beiden ersten Worten: „Ich denke" gefordert sei und daß kein Postulat aus dem Schlusse denkbarerweise stärker sein könne als das Postulat selbst.

Aber Descartes entfernte sich in auffallender Weise von dem, in seinem Fundamental=Prinzipe gelegenen Idealismus. Er war der erste, welcher in eminentem Grade die Probe des menschlichen Vorstellungsvermögens bestand, Lebenserscheinungen auf rein mechanische Prinzipien zurückzuführen. War es aus Furcht oder aus Liebe, kurz, Descartes war gut kirchlich gesinnt; demgemäß verwirft er den Atomenbegriff, weil es lächerlich sei, anzunehmen, daß Gott nicht, wenn er wolle, auch ein Atom theilen könne; er setzt an die Stelle der Atome kleine runde Theilchen und leichte Splitter, aus denen er den Organismus erbauet. Er entwirft, mit bewunderungswürdiger physikalischer Einsicht eine durch Wasser bewegte Maschine, welche die Lebensthätigkeit illustriren soll. Er hatte es sich klar zu machen gesucht, daß eine solche Maschine im Stande sein würde die Prozesse der Verdauung, der Ernährung, des Wachsthums, des Athmens und des Herzschlages zu veranschaulichen. Sie würde im Stande sein, Eindrücke von äußeren Sinnen zu empfangen, dieselben in der Einbildungskraft und dem Gedächtniß aufzuspeichern, die inneren Bewegungen der Begierden und die äußeren Bewegungen der Glieder durchzumachen. Er leitet diese Funktionen seiner Maschine lediglich aus der Einrichtung ihrer Organe her, wie die Bewegung einer Schlaguhr oder eines anderen Uhrwerks sich aus seinen Gewichten und Rädern herleiten läßt. „So weit diese Funktionen in Betracht kommen," sagt er, „ist es nicht erforderlich, irgend eine besondere vegetative oder sensitive Seele oder ein andres Prinzip der Bewegung oder des Lebens anzunehmen, als das Blut und die Lebensgeister, welche durch das im Herzen unablässig brennende Feuer in Bewegung gesetzt werden und welches durchaus nicht verschieden von dem Feuer ist, welches in unbelebten Körpern brennt." Hätte Descartes die Dampfmaschine gekannt, würde er dieselbe anstatt eines Wasserfalles zu seiner Triebkraft genommen und auf die vollkommene Analogie hingewiesen haben, welche zwischen dem Prozeß der Verbrennung der Nahrung im Körper und dem der

Kohle im Ofen besteht. Er würde unzweifelhaft schon vor Mayer das vom Herzen ausströmende Blut das Oel der Lebenslampe genannt und alle Lebensbewegung von der Verbrennung dieses Oels hergeleitet haben, wie die Bewegungen einer Dampfmaschine aus der Verbrennung ihrer Kohlen herzuleiten sind. Wie die Dinge jedoch liegen und in Betracht der Zeitumstände, bilden die Kühnheit, Klarheit und Präzision, mit denen er das Problem der Lebenskräfte erfaßte, ein merkwürdiges Beispiel geistiger Kraft*).

Während des Mittelalters war die Doctrin der Atome anscheinend aus der wissenschaftlichen Erörterung verschwunden. Aber aller Wahrscheinlichkeit nach behauptete sie sich unter gemäßigten und ruhigen Denkern, obgleich weder die Kirche noch die Welt der Verkündigung derselben ein tolerantes Ohr geliehen haben würde. Einmal im Jahre 1348 wurde sie jedoch bestimmt ausgesprochen. Aber unmittelbar nachher mußte sie wieder zurückgenommen werden und so entmuthigt schlummerte sie bis zum 17ten Jahrhundert, wo sie durch einen Zeitgenossen und Freund von Hobbes und Malmsbury, den orthodoxen katholischen Pater Gassendi zu neuem Leben erweckt wurde.

Aber bevor wir sein Verhältniß zur Lehre des Epikur darlegen, wird es gut sein einige Worte über die wissenschaftliche Wirkung der allgemeinen Einführung des Monotheismus unter den europäischen Nationen zu sagen.

„Würden die Menschen," sagt Hume, „durch die Betrachtung der Werke der Natur zu der Furcht vor einer unsichtbaren geistigen Macht geführt, so hätten sie unmöglich je eine andere Vorstellung als die eines einzigen Wesens gewinnen können, welches

---

*) Man sehe Huxley's vortrefflichen Essay über Descartes in den Laien-Reden pp. 364 u. 365.

dieser gewaltigen Maschine Leben und Ordnung verlieh und alle seine Theile zu einem System zusammenfügte." Mit Bezug auf die Anschauung des Heiden, der hinter jedem Naturereigniß einen Gott sieht und so die Welt mit Tausenden von Wesen bevölkert, deren Launen unberechenbar sind, zeigt Lange die Unmöglichkeit jedes Kompromesses zwischen solchen Vorstellungen und denen der Wissenschaft, welche nach dem Prinzipe der unabänderlichen Gesetzmäßigkeit und Causalität verfährt. „Aber," fährt er mit charakteristischem Scharfsinn fort, „sobald der große Gedanke eines Gottes in seiner Wirkung als Einheit auf das Universum einmal erfaßt worden ist, so ist der Zusammenhang der Dinge in Uebereinstimmung mit dem Gesetze der Causalität nicht nur denkbar, sondern die nothwendige Konsequenz der Annahme. Denn wenn ich zehntausend Räder in Bewegung sehe und weiß oder glaube, daß sie alle von einem getrieben werden, so weiß ich, daß ich einen Mechanismus vor mir habe, von welchem jeder Theil in seiner Wirkung durch den Plan des Ganzen bestimmt wird. Sobald diese Annahme festgestellt ist, folgt daraus, daß ich die Struktur dieser Maschine und die verschiedenen Bewegungen ihrer Theile erforschen kann. Für jetzt also macht diese Idee die wissenschaftliche Aktion frei." Mit anderen Worten: Säße ein launenhafter Gott auf jedem Rade und am Ende jedes Hebels, so würde die Wirkung der Menschen auf wissenschaftlichem Wege unberechenbar sein. Aber da die Wirkung aller ihrer Theile durch ihre Verbindungen und Beziehungen streng bestimmt ist und diese durch ein einziges selbstbewegtes Triebrad in Bewegung gesetzt werden, so bin ich, obgleich diese letzte bewegende Ursache mich täuschen kann, doch noch im Stande, die Maschinerie, welche dieselbe in Bewegung setzt, zu begreifen. Hier haben wir eine Vorstellung von der Beziehung der Natur zu ihrem Urheber, welche einigen Geistern vollkommen annehmbar, anderen aber völlig unterträglich erscheint. Newton und Bayle lebten und wirkten glücklich unter dem Einflusse dieser Vorstellung; Goethe verwarf dieselbe leidenschaftlich und dasselbe Widerstreben offenbart sich in Carlyle*).

Die analytischen und synthetischen Tendenzen des menschlichen Geistes offenbaren sich im ganzen Laufe der Geschichte, große Schriftsteller stellen sich bisweilen auf die eine, bisweilen auf die andere Seite. Männer von tiefer Empfindung, deren Gemüth für die von der Natur als Ganzes hervorgebrachten Eindrücke offen war, deren Ueberzeugung daher mehr auf ethischen als auf logischen Grundlagen beruhte, haben sich der synthetischen Seite zugeneigt, während die analytische Seite besser zu der präzisern und mechanischern Richtung stimmt, welche die Ueberzeugung des Verstandes sucht. Die eine adoptirte gewöhnlich den Pantheismus in irgend einer Gestalt, während von der andern Seite oft ein besonderer, mehr oder weniger in menschlicher Art arbeitender Schöpfer angenommen wurde. Gassendi kann kaum einer von beiden Richtungen zugezählt werden. Nachdem er Gott als die große erste Ursache förmlich anerkannt hat, läßt er gleich darauf diese Idee wieder fallen, wendet die bekannten mechanischen Gesetze auf die Atome an und deducirt daraus alle Lebenserscheinungen. Er vertheidigte Epikur und betonte die Reinheit seiner Lehre und seines Lebens. Er war freilich ein Heide; aber das war Aristoteles auch. Er griff Aberglauben und Religion an und mit Recht, weil er die wahre Religion nicht kannte. Er glaubte, daß die Götter weder belohnten noch bestraften und verehrte sie

---

*) Bayle's Modell des Universums war die Straßburger Uhr mit einem äußern Werkmeister. Man sehe auch Carlyle's Vergangenheit und Gegenwart V Kapitel.

nur in Folge ihrer Vollkommenheit. „Hier," sagt Gassendi, „sehen wir die Ehrfurcht des Kindes anstatt der Furcht des Sklaven." Die Irrthümer des Epikur sollen berichtigt, das Gebäude seiner Wahrheit soll erhalten werden und dann geht Gassendi, wie es jeder Heide thun könnte, dazu vor die Welt und alles, was von Atomen und Molecülen in derselben ist, aufzuerbauen.

Gott, welcher Erde und Wasser, Pflanzen und Thiere schuf, brachte an erster Stelle eine bestimmte Zahl von Atomen hervor, welche den Keim aller Dinge bildeten. Dann begann jene Reihe von Verbindungen und Auflösungen, welche bis auf den heutigen Tag ihren Fortgang nehmen und bis in alle Zukunft fortdauern werden. Das Prinzip jeder Veränderung wohnt im Stoffe. Bei künstlichen Produktionen ist das bewegende Prinzip verschieden von dem bearbeiteten Material; aber in der Natur arbeitet der Werkmeister, welcher der thätigste und beweglichste Theil des Materials selbst ist, von innen heraus. So macht es dieser kühne Geistliche ohne sich dem Tadel, der Kirche oder der Welt auszusetzen, möglich, Darwin zuvorzukommen. Dieselbe Disposition, welche ihn veranlaßte, den Schöpfer von seinem Universum zu trennen, brachte ihn auch dahin, die Seele vom Körper zu trennen, obgleich er dem Körper einen so bedeutenden Einfluß zuschreibt, daß die Seele fast überflüssig erscheint. Die Verirrungen der Vernunft waren nach seiner Ansicht eine Sache der materiellen Beschaffenheit des Gehirns. Geisteskrankheit ist Gehirnkrankheit; aber die unsterbliche Vernunft hat ihren besonderen Sitz und kann von der Krankheit nicht berührt werden. Die Geisteskrankheiten sind Fehler des Werkzeuges, nicht des Werkmeisters.

Es ist vielleicht mehr als das bloße Ergebniß der Erziehung und hängt wahrscheinlich tiefer mit der geistigen Organisation beider Männer zusammen, daß die vorstehend ausgesprochene Idee Gassendi's wesentlich dieselbe ist, wie die vom Professor Clerk Maxwell am Schlusse des schönen, im vorigen Jahre von ihm in Bradford gehaltenen Vortrages ausgesprochene. Nach beiden Philosophen sind die Atome, wenn ich recht verstehe, die vorbereiteten Materialien, welche, von der Geschicklichkeit des höchsten gestaltet, durch ihre darauf folgende Wechselwirkung alle Erscheinungen der materiellen Welt hervorbringen. Zwischen Gassendi und Maxwell scheint jedoch der folgende Unterschied zu bestehen: Der Eine postulirt seine erste Ursache; der Andere schließt auf sie. In seinen „fabricirten Artikeln," wie er die Atome nennt, findet Professor Maxwell die Grundlage einer Induktion, welche ihn in den Stand setzt, philosophische Höhen zu ersteigen, welche von Kant für unzugänglich erklärt worden waren, um auf logischem Wege von den Atomen zu ihrem Schöpfer zu gelangen. Indem ich die Führerschaft Kant's hier acceptire, bezweifle ich die Berechtigung der Logik Maxwell's, aber es ist unmöglich, nicht von der ethischen Gluth berührt zu werden, mit welcher seine Vorlesung schließt. Ueberdies ist seine Schilderung von der Festigkeit der Atome von einer an Lucrez erinnernden Großartigkeit. Wir wissen, daß natürliche Kräfte am Werke sind, welche dahin tendiren, alle Verhältnisse und Dimensionen der Erde und das ganze Sonnensystem zu modifiziren, wenn nicht schließlich zu zerstören. Aber wenn auch im Laufe der Zeiten in den Himmeln Katastrophen eingetreten sind und noch eintreten könnten, wenn auch alte Weltsysteme sich auflösen und neue Systeme sich aus ihren Ruinen entwickeln können, bleiben doch die Moleculen, aus welchen diese Systeme sich auferbaut haben, die Grundsteine des materiellen Universums ungebrochen und unabgenutzt.

Die Atomendoctrin wurde ganz oder theilweise von Baco, Descartes, Hobbes, Locke, Newton, Bayle und ihren Nachfolgern angenommen, bis das chemische Gesetz der vielfachen Proportionen Dalton in den Stand setzte, derselben eine ganz neue Bedeutung zu verleihen. In unseren Tagen kommen Abfälle von der Theorie vor; aber sie steht noch immer fest. Loschmidt, Stoney und Sir William Thomson haben versucht, die Größe der Atome zu bestimmen, oder vielmehr die Grenzen zwischen denen ihre verschiedenen Größen liegen, zu fixiren, während die erst im vorigen Jahre gehaltenen Reden von Williamson und Maxwell die Art illustriren, wie die vorgeschrittensten Geister der Gegenwart an der Lehre festhalten. Und es muß in der That bezweifelt werden, ob, so lange es an dieser Fundamentalauffassung fehlt, eine Theorie des materiellen Universums überhaupt einer wissenschaftlichen Begründung fähig ist.

Neunzig Jahre später als Gassendi gewann die Lehre der körperlichen Werkzeuge, wie man sie nennen könnte, eine ungeheure Wichtigkeit in den Händen des Bischofs Butler, welcher in seiner berühmten Analogie der Religion von einem ihm eigenen Gesichtspunkte aus und mit vollendetem Scharfsinn eine ähnliche Idee entwickelte. Noch heute macht sich der Einfluß Butler's auf überlegene Geister geltend und es wird sich der Mühe lohnen, einen Augenblick bei seiner Auffassung zu verweilen. Er unterscheidet scharf zwischen unserm wirklichen Selbst und unserm körperlichen Werkzeuge. So weit ich mich erinnere, bedient er sich nirgends des Ausdruckes „Seele," möglicherweise, weil der Ausdruck in seinen Tagen wie schon seit vielen Generationen völlig abgenutzt war. Aber er spricht von „Lebenskräften," „wahrnehmenden" oder „aufnehmenden Kräften," bewegenden Kräften," „unserm Selbst," in demselben Sinne, wie wir den Ausdruck

„Seele" gebrauchen würden. Er betont die Thatsache, daß uns Glieder abgenommen werden und tödtliche Krankheiten den Körper befallen können, während der Geist fast bis zum Augenblicke des Todes klar bleibt. Er erinnert an den „Schlaf" und die „Ohnmacht," in welchen die Lebenskräfte suspendirt, aber nicht zerstört sind. Er betrachtet es als ganz eben so leicht, eine Existenz außerhalb unserer Körper wie in denselben zu begreifen, so daß wir eine auf einander folgende Reihe von Körpern beleben können, da deren Auflösung nicht geeigneter sei, unser wirkliches Selbst aufzulösen oder uns der Lebenskräfte, der Fähigkeiten des Wahrnehmens und des Handelns zu berauben, als die Auflösung irgend eines fremden Stoffes, von dem wir bei den gewöhnlichen Veranlassungen des Lebens Eindrücke zu empfangen oder Gebrauch zu machen im Stande sind. Das ist der Schlußstein der Lehre Butler's. Unsere organisirten Körper bilden nicht mehr einen Theil unseres Selbst, als irgend ein anderer außer uns liegender Stoff. Zum Beweise dessen lenkt er die Aufmerksamkeit auf den Gebrauch der Gläser, welche genau wie das Auge Gegenstände für die aufnehmende Kraft vorbereiten. Das Auge selbst ist eben so wenig aufnehmend wie das Glas und ist eben so sehr das Werkzeug des wahren Selbst und auch dem wahren Selbst ebenso fremd, wie das Glas. „Und wenn wir mit unseren Augen nur in derselben Weise sehen wie mit Gläsern, so kann dasselbe mit Recht analog von allen unseren Sinnen geschlossen werden."

Lucrez gelangte, wie Sie wissen, zu dem grade entgegengesetzten Schlusse und es würde sicherlich für uns Alle interessant, wenn nicht nützlich sein, zu hören, was er dem Raisonnement Butler's entgegenzustellen haben würde. Da eine kurze Erörterung dieses Punktes uns in den Stand setzen wird die eigent=

liche Bedeutung einer wichtigen Frage zu übersehen, so will ich hier einem Schüler des Lucrez gestatten, die Stärke der Position Butler's auf die Probe zu stellen und dann Butler gestatten, gleiches mit gleichem zu dem Zwecke zu vergelten, die Schwierigkeit, wenn er kann, auf Seiten des Lucrez erscheinen zu lassen.

Die Discussion könnte in folgender Weise vor sich gehen:

„Ihre Ansichten, Hochwürdigster Bischof, würden, der menschlichen Vorstellung unterbreitet, für viele Geister eine große, wenn nicht unüberwindliche Schwierigkeit darbieten. Sie reden von „Lebenskräften," „aufnehmenden" oder „wahrnehmenden Kräften" und „unserm Selbst;" aber können Sie sich, von einem dieser Factoren abgetrennt, von dem Organismus, durch welchen derselbe sich vermeintlich bethätigt, eine Vorstellung machen? Prüfen Sie sich aufrichtig und sehen Sie, ob Sie eine Fähigkeit besitzen, die Sie in den Stand setzen würde, eine solche Vorstellung zu fassen. Das wahre Selbst hat nach Ihrer Auffassung in jedem von uns einen örtlichen Sitz, muß es nicht, so localisirt, eine Gestalt besitzen? Und wenn, welche Gestalt? Haben Sie sich einen Augenblick davon eine bestimmte Vorstellung gemacht? Wenn ein Bein amputirt wird, so wird der Körper in zwei Theile getheilt; wohnt das wahre Selbst in beiden oder in einem von beiden? Thomas von Aquino würde vielleicht sagen, in beiden; aber Sie dürfen es nicht; denn Sie berufen sich auf das Bewußtsein des einen der beiden Theile, um zu beweisen, daß der andere ein fremder Stoff sei. Ist also Bewußtsein ein nothwendiges Element des wahren Selbst? Wenn dem so ist, wie beurtheilen Sie den Fall, wo der ganze Körper des Bewußtseins beraubt ist? Wenn nicht, mit welchem Rechte sprechen Sie dem abgetrennten Gliede jeden Antheil an dem wahren Selbst ab? Es ist höchst auffallend, daß Sie in Ihrem schönen

Buche (und niemand kann seine bescheidene Tüchtigkeit mehr bewundern als ich) von Anfang bis zu Ende nicht ein einziges Mal des Gehirns oder des Nervensystems Erwähnung thun. Sie beginnen mit einem Ende des Körpers und zeigen, daß seine Theile ohne Nachtheil für die wahrnehmende Kraft entfernt werden können. Wie, wenn Sie mit dem andern Ende des Körpers beginnen und anstatt des Beines das Gehirn entfernen? Der Körper ist wieder wie vorher in zwei Theile getheilt, aber beide gehören jetzt in dieselbe Kategorie und auf keinen kann sich zu dem Beweise berufen werden, daß der andere fremder Stoff sei. Oder es sei, wenn wir nicht so weit gehen wollen das Gehirn selbst zu entfernen, nur ein Theil seiner Schädeldecke entfernt und es werde eine rythmische Reihe von Pressionen auf die weiche Substanz ausgeübt. Bei jeder Pression verschwinden die „Fähigkeiten des Handelns und Wahrnehmens," um sich bei jedem Nachlaß einer Pression wieder einzustellen. Wo ist während der Pressions-Intervalle die wahrnehmende Kraft? Einst ging die Entladung einer Leyden'schen Batterie, ohne daß ich eine Ahnung davon hatte, durch mich hindurch; ich empfand nichts, sondern wurde nur für eine geraume Zeit des Bewußtseins völlig beraubt. Wo war mein wahres Selbst während dieses Zeitraumes? Menschen, die, vom Blitz getroffen, sich wieder erholten, verharrten viel länger in demselben Zustande, und in Fällen einer gewöhnlichen Erschütterung des Gehirns können Tage verfließen, während deren das Bewußtsein schlummert. Wo ist der Mensch selbst während der Dauer der Bewußtlosigkeit? Sie sagen vielleicht, daß ich mich einer petitio principii schuldig mache, wenn ich annehme, daß der Mensch bewußtlos gewesen sei, daß er vielmehr während der ganzen Zeit bei Bewußtsein gewesen sei und nur vergessen habe, was ihm begegnet sei. Darauf kann ich nur erwidern, daß niemand vor den schlimmsten Martern, welche der Aberglaube je erfand, zurückzuschrecken braucht, wenn sie nur so empfunden und so erinnert werden. Ich glaube überhaupt nicht, daß die Theorie der Werkzeuge der Sache irgendwie auf den Grund geht. Ein Telegraphist hat seine Instrumente, vermittelst deren er sich mit der Welt unterhält; unsere Körper besitzen ein Nervensystem, welches eine ähnliche Rolle zwischen der wahrnehmenden Kraft und den äußeren Dingen spielt. Man schneide die Drähte des Telegraphisten durch; man zerbreche seine Batterie, entmagnetisire seine Nadel, — durch diese Mittel trennt man ihn mit Sicherheit von seiner Verbindung mit der Welt; aber insofern dies wirkliche Werkzeuge sind, berührt ihre Zerstörung den Menschen, der sich ihrer bedient, nicht. Der Telegraphist bleibt leben und weiß, daß er leben bleibt. Was, möchte ich fragen, entspricht im menschlichen Systeme diesem bewußten Ueberleben des Telegraphisten, wenn die Gehirn-Batterie so gestört ist, daß sie Bewußtlosigkeit hervorbringt, oder wenn sie ganz zerstört ist?

„Noch eine andere Erwägung, mit der Sie es vielleicht leicht nehmen werden, scheint mir nicht unerheblich. Das Gehirn kann aus dem Zustande der Gesundheit in den der Krankheit übergehen, und durch diese Veränderung kann der ausgezeichnetste Mensch zu einem Wüstling oder Mörder werden. Mein sehr edler und bewährter Lehrer hatte, wie Sie wissen, Anfälle von wollüstiger Lüsternheit, die ein ihm von seiner eifersüchtigen Frau eingegebener Trank ihm ins Gehirn gesetzt hatte und, um selbst der Gefahr zu entrinnen, diesen niedrigen Eingebungen Gehör zu geben, brachte er sich ums Leben. Wie konnte die Hand des Lucrez sich so gegen ihn selbst kehren, wenn der wirkliche Lucrez derselbe geblieben wäre wie vorher? Kann das Gehirn ohne die Dazwischenkunft der unsterblichen Vernunft in dieser krankhaften Weise handeln oder nicht? Wenn es das kann, dann ist es ein primäres Agens, welches nur einer gesunden Regulirung bedarf, um es selbstständig vernünftig handeln zu machen und es bedarf anscheinend Ihrer unsterblichen Vernunft gar nicht. Wenn es das aber nicht kann, dann muß man der unsterblichen Vernunft mit der verderblichen Thätigkeit, die sie auf ein zerbrochenes Werkzeug übt, die Begehung jeder nur denkbaren Extravaganz und jedes Verbrechens Schuld geben. Ich glaube, wenn Sie mir das auszusprechen erlauben wollen, daß Ihre Beurtheilung des Körpers die bedenklichsten Folgen nach sich ziehen muß. Das Gehirn, wie Sie es möchten, als einen Stab oder ein Augenglas betrachten, sich gegen das ganze geheimnißvolle Wesen desselben, gegen die vollkommene Wechselbeziehung zwischen seinem Zustande und unserm Bewußtsein, gegen die Thatsache verschließen, daß ein kleiner Ueberfluß oder Mangel an Blut in demselben grade die Ohnmacht, von der Sie reden, hervorbringt, und daß in Bezug darauf unser Essen und Trinken, unser Luftgenuß und unsere körperlichen Bewegungen eine ganz außerordentliche Wichtigkeit und Bedeutung haben — alles das vergessen, heißt, glaube ich, unzähligen Irrthümern in unseren Lebensgewohnheiten Thür und Thor öffnen, und kann möglicherweise in einigen Fällen eben das Leiden und den darauf folgenden geistigen Ruin vorbereiten und befördern, welche bei weiserer Würdigung dieses mysteriösen Organs vermieden sein würden."

Ich stelle mir nun Butler durch das Anhören dieser Erörterung nachdenklich gemacht vor. Er war nicht der Mann, sich durch Aerger oder Verdruß in der nöthigen Erwägung eines solchen Punktes beirren zu lassen. Ich kann mir denken, daß

Butler nach reiflicher Erwägung und nachdem er sich durch jene rechtschaffene Betrachtung der Thatsachen, welche ihm eigen war und welche die Bereitwilligkeit in sich begreift, selbst uns widerstrebenden Thatsachen ihre gebührende Berücksichtigung widerfahren zu lassen, gestärkt hätte, so geantwortet haben würde: "Sie werden sich erinnern, daß ich in der Analogie der Religion, deren Sie so freundlich Erwähnung gethan haben, nirgends den Anspruch erhoben habe, irgend etwas absolut zu beweisen, und daß ich wieder und wieder die Geringfügigkeit unseres Wissens, oder vielmehr die Tiefe unserer Unwissenheit in Betreff des ganzen Systems des Universums anerkannt und scharf hervorgehoben habe. Mein Zweck war, meinen deistischen Freunden, welche die Schönheit und das Wohlwollen der Natur und ihres Lenkers so beredt auseinandersetzten, während sie nichts als Spott für die sogenannten Absurditäten der christlichen Anschauung hatten, zu zeigen, daß ihre Lage nicht besser sei, als die unsrige und daß für jede Schwierigkeit, die sie uns nachweisen, ihnen eine ganz ebenso große Schwierigkeit nachzuweisen sei. Ich will nun mit Ihrer Erlaubniß einen ähnlichen Weg der Beweisführung einschlagen. Sie sind ein Anhänger des Lucrez und deduciren aus der Verbindung und Trennung der Atome alle irdischen Dinge, organische Formen und ihre Erscheinungen mit einbegriffen. Lassen sie mich Ihnen vor allen Dingen sagen, wie weit ich Ihnen zu folgen bereit bin. Ich gebe zu, daß sie aus diesem Spiel molecularer Kräfte kristallinische Formen herstellen können daß der Diamant und der Amethist wahrhaft wunderbare so hervorgebrachte Strukturen sind. Ich will noch weiter gehen und anerkennen, daß selbst ein Baum oder eine Blume in dieser Weise organisirt werden könnte. Ja, wenn Sie mir ein Thier ohne Empfindung zeigen können, so will ich Ihnen zugeben, daß auch das durch das angemessene Spiel molecularer Kräfte zusammengesetzt sein könnte.

„Bis dahin ist unser Weg frei, aber nun kommt meine Schwierigkeit. Ihre Atome sind einzeln ohne Empfindung und noch viel mehr ohne Intelligenz. Darf ich Sie nun bitten, die Lösung des folgenden Problems zu versuchen? Nehmen Sie Ihre todten Wasserstoff-, Kohlenstoff-, Sauerstoff-, Stickstoff-, Phosphor- und alle die anderen Atome, die so todt sind wie Schrotkörner und aus denen das Gehirn gebildet ist. Stellen Sie sie sich getrennt und empfindungslos vor, beobachten Sie sie, wie sie zusammenfließen und alle denkbaren Verbindungen bilden. Diesen rein mechanischen Prozeß kann der Geist deutlich schauen. Aber können Sie schauen, träumen, oder sich irgendwie eine Vorstellung davon machen, wie aus diesem mechanischen Akte und aus diesen einzelnen todten Atomen, Empfindung, Gedanke und leidenschaftliche Gemüthsbewegung hervorgehen sollen? Glauben Sie, daß sie Homer aus dem Geklapper der Würfel oder die Differentialrechnung aus dem Zusammenschlagen der Billardkugeln entwickeln werden? Ich ermangele der „Vorstellungskraft," von der Sie reden, keineswegs. Ich kann einem Stückchen Moschus folgen, bis es den Geruchsnerven erreicht, ich kann den Schallwellen folgen, bis ihre Schwingungen die Flüssigkeit des Labyrinthes im Ohre erreichen und die Otolithen und die Corti'schen Fasern in Bewegung setzen, ich kann mir auch die Aetherwellen zur Anschauung bringen, wie sie in das Auge dringen und die Netzhaut treffen. Ja noch mehr, ich bin im Stande, die so der Peripherie mitgetheilte Bewegung bis zum Centrum zu verfolgen und mit meinem geistigen Auge die Moleculen des Gehirns in Schwingungen versetzt zu sehen. Diese physischen Prozesse beirren mein Inneres nicht. Was mich beirrt und mir unvorstellbar ist, das ist die Idee, daß Sie aus diesen physischen Schwingungen, denselben so völlig incongruente Dinge wie Empfindung, Gedanke und Leidenschaft entwickeln können. Sie sagen oder denken vielleicht, daß dieses Hervorgehen des Bewußtseins aus dem Zusammenstoß von Atomen nicht unerklärlicher sei, als das Hervorgehen des Blitzes aus der Vereinigung von Sauerstoff und Wasserstoff. Aber ich erlaube mir, zu behaupten, daß es das allerdings ist. Denn was an dem Blitz unerklärlich ist, ist eben das, was ich jetzt Ihrer Aufmerksamkeit unterbreite. Der Blitz ist eine Sache des Bewußtseins, dessen objectives Gegenstück eine Vibration ist. Ein Blitz wird es nur durch Ihre Interpretation. Sie sind die Ursache der anscheinenden Incongruität, und Sie sind das Ding, das ich nicht zu fassen vermag. Ich brauche Sie nicht daran zu erinnern, daß der große Leibnitz dieselbe Schwierigkeit empfand wie ich, und daß er, um sich dieser monströsen Herleitung des Lebens aus dem Tode zu entledigen, Ihre Atome durch seine Monaden ersetzte, welche mehr oder weniger vollkommene Spiegel des Universums waren und aus deren Summirung und Integrirung nach seiner Meinung alle Lebenserscheinungen des Empfindens, des Denkens und der Leidenschaft hervorgehen.

„Diese Ihre Schwierigkeit, die Sie, wie ich sehe, zuzugeben bereit sind, ist daher ganz so groß, wie die meinige. Sie können das Verlangen des menschlichen Verstandes nach logischem Zusammenhange zwischen molecularen Prozessen und den Erscheinungen des Bewußtseins nicht befriedigen. Das ist ein Felsen, an dem der Materialismus unvermeidlich zerschellen muß, so oft er den Anspruch erhebt, eine vollständige Philosophie des Lebens zu sein. Was ist die Moral davon, mein lucrezischer Freund? Sie und ich werden uns schwerlich bei der Discussion dieser

großen Fragen, wo wir so viel Raum für ehrliche Meinungs=
verschiedenheiten finden, in schlechte Laune versetzen lassen. Aber
es giebt, ich sage es in aller Demuth, auf beiden Seiten Leute
von geringerm Witz oder größerer Bigotterie, die immer bereit
sind, persönlichen Verdruß und Tadel des Gegners in solche
Discussionen hinein zu tragen. Es giebt z. B. heutzutage bedeu=
tende und einflußreiche Schriftsteller, die sich nicht schämen, anzu=
nehmen, daß „die schwere persönliche Sünde" eines großen Logi=
kers die Ursache seines Unglaubens an ein theologisches Dogma sei.
Und es giebt andere, welche behaupten, daß wir, die wir unsere
schöne Bibel, wie sie zu einem unveräußerlichen Gute für unsere
Vorfahren und durch Vererbung auch für uns geworden ist,
lieben, nothwendig heuchlerisch und unaufrichtig sein müssen.
Lassen Sie uns solche Leute verleugnen und beschämen, indem
wir ohne Wanken an dem Glauben festhalten, daß, was an
unserer beider Auffassung gut und wahr ist, zum Besten der
Menschheit erhalten bleiben, während alles Schlechte und Falsche
verschwinden wird."

Nach meiner Ansicht ist das Raisonnement Butler's unwider=
leglich und seine Liberalität der Gesinnung nachahmungswerth.

Es verdient bemerkt zu werden, daß in einer Beziehung
Butler das Product seiner Zeit war. Schon lange vor seiner
Zeit war die Natur der Seele ein so beliebter und so allgemeiner
Gegenstand der Discussion, daß, wenn die pariser Studenten
die Richtung eines neuen Professors kennen zu lernen wünschten,
sie ihn ohne weiteres baten, ihnen eine Vorlesung über die Seele
zu halten. Zu Bischof Butler's Zeit wurde nicht nur lebhaft
über die Frage verhandelt, sondern auch ihr Bereich ausgedehnt.
Scharfsinnige Männer, die sich in diesen Streit gemischt hatten,
erkannten bald, daß viele ihrer besten Argumente ebenso anwendbar

auf Thiere wie auf Menschen seien; dieser Art waren die Argumente Butler's. Er erkannte es, gestand es zu, acceptirte die Consequenzen und nahm kühn die ganze thierische Welt in seinen Plan der Unsterblichkeit auf.

Butler acceptirte mit unerschütterlich festem Glauben die Chronologie des alten Testamentes und bezeichnete sie als durch die politische und Naturgeschichte der Welt, wie sie sich aus den weltlichen Geschichtsschreibern, aus dem Zustande der Erde und aus den neuesten Erfindungen der Künste und Wissenschaften ergebe, bestätigt. Diese Worte bezeichnen einen Fortschritt; sie müssen den heutigen Nachfolgern Butler's etwas veraltet vorkommen*). Ich brauche Sie wohl kaum darauf hinzuweisen, daß sich seit jener Zeit das Gebiet des Naturforschers ungeheuer erweitert hat, da seitdem erst die ganze Wissenschaft der Geologie mit ihren erstaunlichen Entdeckungen in Betreff des Lebens der Erde geschaffen worden ist. In der Strenge der früheren Auffassungen hat man nachgelassen und die öffentliche Meinung hat sich allmälig an den Gedanken gewöhnen gelernt, daß diese Erde nicht seit sechstausend, auch nicht seit sechszigtausend, auch nicht seit sechs Millionen Jahren, sondern seit Aeonen, welche ungezählte Millionen von Jahren umfassen, der Schauplatz von Leben und Tod gewesen ist. Das Räthsel des Gesteines ist von den subcambrischen Tiefen bis zu den Schichten, die sich noch heute auf dem Meeresgrunde ablagern, von den Geologen und von den Paläontologen gelöst worden. Und auf den Blättern dieses steinernen Buches sind, wie Sie wissen, deutlichere und zuverlässigere Lettern eingeprägt, als die mit der Tinte der Geschichte geschrie-

---

*) Nur Einigen, denn es giebt Würdenträger, die noch jetzt von der Felskruste der Erde als von ebenso vielen, bei der Schöpfung für die Menschen bereit gehaltenem Baumaterial reden. Es ist sicherlich Zeit, daß diese sinnlose Redeweise aufhöre.

benen, Lettern, welche den Geist in Zeitabgründe zurückführen, mit denen verglichen die Perioden, welche Butler genügten, in ihrer Kleinheit völlig verschwinden.

Nachdem der Schacht der Entdeckungen einmal geöffnet war, vermehrten sich jene Versteinerungen, in denen einst Leben geherrscht hatte, so außerordentlich, daß sie einer Klassifikation bedurften. Sie wurden entsprechend dem Grade der zwischen ihnen bestehenden Aehnlichkeit in Genera, Species und Varietäten gruppirt. So wurde Verwirrung vermieden, indem jeder Gegenstand sich in dem für ihn und seine Genossen von ähnlichem morphologischem und physiologischem Charakter passendem Fache zusammenfand. Bald stellte sich die Thatsache heraus, daß in der tiefsten Tiefe nur die einfachsten Lebensformen vorkommen und daß in dem Maße, wie wir durch die übereinander liegenden Schichten höher aufsteigen, vollkommenere Formen erscheinen. Die Veränderung von Form zu Form war jedoch keine continuirliche, sondern ging in bald kleineren bald größeren Schritten vor sich. „Eine hundert Fuß dicke Schicht," sagt Herr Huxley, „zeigt uns in verschiedenen Höhen ein Dutzend Arten von Ammoniten, von denen keiner über seine besondere Kalk- oder Thonschicht hinaus in die unter oder die über ihm liegende Schicht übergeht. Solchen Thatsachen gegenüber war es unmöglich, die Frage zu umgehen: Sind diese Formen, in denen sich, wenn auch in unterbrochenen Stadien und mit vielen Unregelmäßigkeiten, ein unverkennbares allgemeines Fortschreiten kund giebt, nicht einem Gesetze continuirlicher Entwicklung oder Variation unterworfen gewesen? Wäre unsere Erziehung rein wissenschaftlich oder hinlänglich losgelöst von Einflüssen gewesen, welche sich, wie veredelnd sie auch auf einem andern Gebiete gewirkt haben mögen, immer als Hemmnisse und Täuschungen erwiesen haben, sobald sie sich als Factoren auf dem Gebiete der Naturwissenschaften geltend machten, so würde der wissenschaftliche Geist nie in der Forschung eines Entwicklungsgesetzes nachgelassen, oder sich den Antropomorphismus gestattet haben, welche jede der aufeinander folgenden Schichten als eine Art von Werkstatt für die Fabrikation von neuen, außer aller Beziehung zu den alten stehenden Arten betrachtete.

In der ihnen durch ihre frühere Erziehung gegebenen Richtung glaubte jedoch die große Mehrzahl der Naturforscher einen besondern schöpferischen Akt zu Hülfe nehmen zu müssen, um die Erscheinung jeder neuen Gruppe von Organismen zu erklären. Unzweifelhaft gab es sehr Viele, die klar genug dachten, um einzusehen, daß das gar keine Erklärung, daß es vielmehr nur ein Versuch sei, eine geringe Schwierigkeit durch die Aufstellung einer größern zu erklären. Da sie aber keine Erklärung zu bieten hatten, zogen sie es der Mehrzahl nach vor zu schweigen. Und doch war es natürlich und nothwendig, daß denkende Männer nicht nachließen, sich mit der Frage zu beschäftigen. Von de Maillet, einem Zeitgenossen Newton's, ist es durch Professor Huxley bekannt geworden, daß er „eine Idee von der Modificirbarkeit lebender Formen" hatte.

In meinen häufigen Unterhaltungen mit dem verstorbenen Sir Benjamin Brodie, einem Manne von höchst philosophischem Geiste, lenkte derselbe meine Aufmerksamkeit oft auf die Thatsache, daß schon im Jahre 1794 der Großvater Charles Darwin's sein Vorläufer war*).

Im Jahre 1801 und den folgenden Jahren versuchte Lamarck, dessen Ansichten in der denselben von dem Verfasser der „Spuren

---

*) Zoonomia Vol. I pp. 500—510.

der Schöpfung" zu Theil gewordenen energischen Darlegung einen so großen Eindruck auf das Publikum hervorbrachten, die Entwicklung der Arten durch Veränderungen ihrer Lebensgewohnheiten und äußeren Verhältnisse.

1813 las Dr. Wells, der Gründer unserer heutigen Dew'schen Theorie, in der königlichen Akademie eine Abhandlung, in welcher er, um mich eines Ausdruckes Darwin's zu bedienen, „das Prinzip der natürlichen Zuchtwahl" bestimmt anerkennt und das ist die erste bekannte Anerkennung. Die Ueberzeugungstreue und Gewandtheit, mit welcher Dr. Wells seine Arbeit verfolgte und die entschiedene Unabhängigkeit seines Charakters hat ihn seit langer Zeit zu einem meiner Lieblinge gemacht und es hat mir ein besonderes Vergnügen gewährt, auf dieses neue Zeugniß seines Scharfsinns hinweisen zu können.

Professor Grant, Patrick Mathew, v. Buch, der Verfasser „der Spuren," D'Halloy, und andere*) zeigten durch das Aussprechen mehr oder weniger klarer oder correcter Ansichten, daß die Frage schon lange vor dem Jahre 1858, wo Darwin und Wallace zu gleicher Zeit, aber unabhängig von einander, ihre sich sehr nahe kommenden Ansichten über den Gegenstand der Linné'schen Gesellschaft vorlegten, gegährt habe.

Diesen Abhandlungen folgte 1859 die Veröffentlichung der ersten Ausgabe des „Ursprungs der Arten." Alle großen Dinge werden schwer geboren. Kopernicus brütete, wie ich oben erwähnt habe, dreiunddreißig Jahre über seinem großen Werke. Newton behielt zwanzig Jahre lang seine Idee der Gravitation

---

*) Im Jahre 1855 sprach Herr Herbert Spencer (Grundzüge der Psychologie, 2. Auflage, Band I p. 465) die Ueberzeugung aus, daß das Leben in allen seinen Gestalten auf dem Wege sogenannter natürlicher Ursachen aus einer ungebrochenen Entwicklung hervorgegangen sei.

für sich, widmete eine ebenso lange Zeit seiner Entdeckung der Fluxionen und würde ohne Zweifel fortgefahren sein, sich nur privatim damit zu beschäftigen, wenn er nicht gefunden hätte, daß Leibnitz auf seiner Spur sei. Darwin hatte zweiundzwanzig Jahre lang über das Problem des Ursprungs der Arten nachgedacht und würde ohne Zweifel fortgefahren sein, sich nur privatim damit zu beschäftigen, wenn er nicht gefunden hätte, daß Wallace auf seiner Spur sei*). Die Folge war ein concentrirter, aber vollständiger und bedeutender Auszug aus seinen Arbeiten. Das Buch war durchaus kein leichtes und wahrscheinlich hatte unter je zwanzig Leuten, die es damals angriffen, nicht einer es ganz durchgelesen, oder war, wenn er es gelesen hatte, im Stande, seine eigentliche Bedeutung zu erfassen. Ich sage das nicht nur, um diese Gegner zu discreditiren. Denn es gab in jenen Tagen einige wirklich bedeutende wissenschaftliche Männer, die, weit erhaben über die Aufregung populärer Vorurtheile, bereit waren, sich jeden Schluß gefallen zu lassen, den die Wissenschaft zu bieten habe, vorausgesetzt, daß derselbe durch Thatsachen und Beweise unterstützt sei, die aber Darwin's Ansichten vollständig mißverstanden. In der That bedurfte das Werk eines Erklärers und fand einen solchen in Huxley. Ich kenne nichts bewunderungswertheres auf dem Gebiete wissenschaftlicher Darlegung, als seine ersten Artikel über den Ursprung der Arten. Er richtete seine Erörterungen auf die wirklich bedeutsamen Punkte des Gegenstandes, bereicherte seine Darlegung durch tiefe, originelle Bemerkungen und Reflexionen, indem er oft in einen einzigen markigen Satz eine Beweisführung zusammendrängte, zu welcher ein weniger concentrirter Geist Seiten gebraucht haben würde.

---

*) Wallace' Benehmen bei dieser Gelegenheit war des höchsten Lobes werth.

Aber das Buch selbst macht einen Eindruck, welchen keine, noch so lichtvolle Darlegung seines Inhaltes wiedergeben kann und das ist der Eindruck der außerordentlichen Arbeit, der Beobachtung und des Denkens, welche der Verfasser darauf verwendet hat. Werfen wir einen kurzen Blick auf seine Prinzipien.

Es wird von allen Seiten zugegeben, daß die sogenannten Varietäten fortwährend hervorgebracht werden. Von dieser Regel giebt es schwerlich eine Ausnahme. Kein Küchlein und kein Kind ist in allen Beziehungen und Besonderheiten das Seitenstück seines Bruders oder seiner Schwester und in solchen Differenzen haben wir die beginnende „Varietät." Kein Naturforscher könnte sagen, wie weit diese Variirung gehen kann, aber die große Masse der Naturforscher behauptete, daß nie, durch keine noch so große innere oder äußere Veränderung und durch keine Verbindung beider die Nachkommen desselben Erzeugers sich so weit von einander entfernen könnten, daß sie verschiedene Arten begründeten. Die Aufgabe des experimentirenden Naturforschers besteht darin, die Bedingungen der Natur zu combiniren und ihre Ergebnisse zu produciren und das war Darwin's Methode*). Er suchte sich Gewißheit darüber zu verschaffen, was auf dem Wege der Production von Varietäten vollkommen zweifellos geschehen könne. Er setzte sich mit Taubenliebhabern in Verbindung — kaufte, erbat sich, hielt und beobachtete jedes Zuchtexemplar, das er erlangen konnte. Obgleich von gemeinsamer Abstammung, waren diese Tauben so verschieden von einander, daß wohl zwanzig Stück darunter ausgewählt werden

---

*) Nur der erste Schritt auf dem Wege experimenteller Demonstration ist geschehen. Die jetzt vorgenommenen Experimente können in einigen Jahrhunderten Data von unberechenbarem Werthe liefern, welche der Wissenschaft der Zukunft zu Gute kommen müssen.

konnten, welche, wenn man sie einem Ornithologen gezeigt und ihm gesagt hätte, es seien wilde Vögel, sicherlich von demselben für Exemplare bestimmter, von einander verschiedener Arten erklärt worden wären. Das einfache Prinzip, welches den Taubenliebhaber wie den Viehzüchter leitet, ist, die Auswahl einer Varietät, die Fortpflanzung dieser Varietät durch Vererbung. Die Blicke noch fest auf die besondere Gestalt gerichtet, deren Eigenthümlichkeiten er zu steigern wünscht, wählt er dieselbe, so oft sie wiedererscheint, in aufeinanderfolgenden Zuchtexemplaren aus und fügt so Zugabe zu Zugabe, bis er eine außerordentliche Divergenz von dem Elterntypus erzielt hat. In diesem Falle bringt der Mensch nicht die Elemente der Variation hervor. Er beobachtet sie einfach und bringt sie durch Auswahl zusammen, bis er das gewünschte Resultat erreicht hat. „Niemand," sagt Darwin, „würde es je versuchen, einen Fächerschwanz zu erzielen, bis er eine Taube mit einem, bis zu einem gewissen Grade ungewöhnlich entwickelten Schwanz — oder eine Kropftaube hervorzubringen, bis er eine Taube mit einem Kropf von ungewöhnlicher Größe gesehen hätte." So giebt die Natur den Wink; der Mensch handelt darnach und steigert durch Anwendung des Gesetzes der Vererbung die Abweichung.

Nachdem er sich so durch unzweifelhafte Thatsachen überzeugt hat, daß die Organisation eines Thieres oder einer Pflanze, — denn genau dieselbe Behandlung läßt sich bei Pflanzen anwenden —, bis zu einem gewissen Grade bildsam ist, geht er von der Variirung unter häuslicher Züchtung zu Variirungen in der Natur über. Bisher haben wir mit der allmäligen Anhäufung kleiner Veränderungen durch die bewußte Auswahl des Menschen zu thun gehabt. Kann auch die Natur eine solche Auswahl treffen? Darwin's Antwort lautet: „Gewiß kann sie es." Die Anzahl erzeugter lebender Wesen übersteigt bei weitem die Zahl derer, welche sich erhalten können, daher muß bei ihnen in einer oder der andern Periode ihres Lebens ein Kampf um's Dasein stattfinden. Und was ist das unfehlbare Ergebniß? Wenn ein Organismus ein vollkommenes Ebenbild des andern in Bezug auf Stärke, Geschicklichkeit und Beweglichkeit wäre, so müßten äußere Umstände bei jenem Kampfe entscheidend sein. Das ist aber nicht der Fall. Hier haben wir die Thatsache von Varietäten, die sich der Natur darbieten, wie sie sich in dem frühern Falle dem Menschen darboten, und diejenigen Varietäten, welche am wenigsten geeignet sind den Kampf mit den Verhältnissen aufzunehmen, werden unfehlbar denen Platz machen, welche am fähigsten zu jenem Kampfe sind. Der Schwächste unterliegt; aber der triumphirende Theil vermehrt sich wieder bis zur Ueberproduction und überträgt die Eigenschaften, welche seine Erhaltung sicherten, überträgt sie aber in verschiedenen Graden. Der Kampf um die Nahrung tritt wieder ein und diejenigen, auf welche die vorzüglichere Begabung im höchsten Grade übergegangen ist, werden sicherlich wieder triumphiren. Man sieht leicht, daß wir hier die dem Individuum vortheilhafte Häufung von Zugaben noch strenger durchgeführt vor uns haben, als in dem Falle der häuslichen Züchtung; denn nicht allein werden die weniger begabten Exemplare von der Natur nicht ausgewählt, sondern sie werden vernichtet. Das ist es, was Darwin „natürliche Zuchtwahl" nennt, welche „auf dem Wege der Erhaltung und Anhäufung kleiner vererbter Modificationen, von denen eine jede dem erhaltenen Wesen nützt, thätig ist." Mit dieser Idee durchdringt Darwin wie mit einem Sauerteig den ungeheuren Vorrath von Thatsachen, den er und andere gesammelt haben. Wir können, wenn wir unsere Augen nicht aus Furcht oder Vorurtheil verschließen wollen, nicht umhin zu sehen, daß

Darwin hier nicht mit eingebildeten, sondern mit wahren Ursachen operirt; auch können wir nicht verkennen, welche ungeheuren Modificationen in hinlänglich langen Perioden durch natürliche Zuchtwahl müssen bewirkt werden können. Jeder individuelle Zuwachs ist vielleicht dem ähnlich, was die Mathematiker ein Differential (eine unendlich kleine Quantität) nennen; aber offenbar können definitive und große Veränderungen durch das Integriren dieser unendlich kleinen Quantitäten in, für unsere Vorstellung unendlichen Zeiträumen hervorgebracht werden.

Wenn Darwin wie Bruno die Idee einer schöpferischen Kraft, die nach menschlicher Weise zu Werke geht, verwirft, so geschieht es gewiß nicht, weil ihm die unzähligen auserlesenen Einrichtungen unbekannt wären; auf welche diese Idee eines übernatürlichen Künstlers sich gründet. Sein Buch ist ein Repositorium der frappantesten Thatsachen dieser Art. Man nehme die merkwürdige Beobachtung, welche er nach Dr. Crüger citirt und der zu Folge eine Orchidee die Form eines Eimers mit einer, als Ausguß dienenden Oeffnung hatte. Bienen suchen die Blume auf; in eifrigem Suchen nach Stoff für ihre Honigwaben drängen sie einander in den Eimer und die durchnäßten flüchten sich aus ihrem unfreiwilligen Bade durch den Ausguß. Hier reiben sie ihren Rücken gegen die klebrige Narbe der Blume, gewinnen so Leim, reiben dann den Rücken gegen die Anthere und tragen den an dem Leime haftenden Blüthenstaub auf dem Rücken davon. „Wenn die so versorgte Biene zu einer andern Blume, oder ein zweites Mal zu derselben Blume fliegt, und von ihren Kameraden in den Eimer gedrängt wird und dann durch den Ausguß herauskriecht, kommt natürlich der Blüthenstaub auf ihrem Rücken zuerst in Berührung mit der klebrigen Narbe, an welcher nun der Blüthenstaub haften bleibt," und

so wird diese Orchidee befruchtet. Oder man nehme den andern
Fall mit dem Catasetum. Bienen suchen diese Lippenblüthe auf,
um daran zu nagen; indem sie das thun, berühren sie unvermeidlich eine lange, überragende, sensitive Spitze. Sobald diese
Spitze berührt wird, überträgt sie eine Sensation oder Vibration
einem gewissen Häutchen, welches alsbald zerspringt und eine
Feder in Bewegung setzt, durch welche der Blüthenstaub hervor-
schießt und sich mit seinem klebrigen Ende an den Rücken der
Biene heftet. Auf diese Weise wird der befruchtende Blüthenstaub verbreitet.

Und ein so mit dem auserlesensten Material des Teleologen
ausgestatteter Geist verwirft die teleologische Anschauung und
sucht diese Wunder auf natürliche Ursachen zurückzuführen. Sie
illustriren nach ihm die Methode der Natur, nicht die „Technik"
eines menschenähnlichen Künstlers. Die Schönheit der Blumen
entsteht durch natürliche Zuchtwahl. Diejenigen, welche sich durch
lebhaft contrastirende Farben von den umgebenden grünen Blättern unterscheiden, fallen am raschesten in die Augen, werden
am häufigsten von Insecten aufgesucht, am häufigsten befruchtet
und in Folge dessen von der natürlichen Zuchtwahl am meisten
begünstigt. Auch farbige Beeren ziehen rasch die Aufmerksamkeit
der Vögel und übrigen Thiere an, welche sich durch sie ernähren,
ihren mit Dünger vermischten Samen umherstreuen und so den
Bäumen und Sträuchern, an welchen sich solche Beeren befinden,
eine größere Chance in dem Kampf um's Dasein geben.

Mit wunderbarem analytischem und synthetischem Geschick er-
forscht Darwin den Instinkt des Zellenmachens bei der Honigbiene. Die Methode, nach welcher er dabei verfährt, ist mustergültig. Er geht von dem vollkommener entwickelten zu dem
weniger entwickelten Instinkte zurück, von der Honigbiene zu der

Hummel, welche ihr Gespinnst als Wabe benutzt und zu Klassen von Bienen von mittlerer Geschicklichkeit, und versucht zu zeigen, wie der Uebergang von der niedrigsten zu der höchsten Entwicklung stufenweise erfolgt sein könne.

Die Ersparniß des Wachses ist der wichtigste Punkt in der Oekonomie der Bienen. Es sollen zwölf bis fünfzehn Pfund trockenen Zuckers zur Sekretion eines einzigen Pfundes Wachs erforderlich sein. Die für das Wachs erforderlichen Quantitäten Honigsaft müssen daher ungeheuer sein und jede Verbesserung des constructiven Instinktes, welche zur Ersparniß von Wachs führt, ist ein directer Vortheil für das Leben des Insektes. Die Zeit, die sonst der Wachsbereitung gewidmet sein würde, wird jetzt dem Einsammeln und Aufspeichern von Honig für die Winternahrung gewidmet. Darwin geht von der Hummel mit ihren rohen Zellen, zu der Melipona mit ihren künstlicher gearbeiteten Zellen und von dieser zu der Honigbiene und deren erstaunlicher Architektur über. Die Bienen stellen sich in gleichen Entfernungen, jede für sich auf das Wachs, beschreiben und höhlen gleiche Kreise um die ausgewählten Punkte aus. Die Kreise schneiden einander und die durch die Durchschneidung entstehenden Flächen werden mit dünnen Platten überbaut. So werden sechseckige Zellen gebildet.

Diese Art, solche Fragen zu behandeln, ist, wie gesagt, mustergültig. Darwin geht regelmäßig von dem Vollkommenern und Complicirtern auf das weniger Vollkommene und Einfache zurück und führt uns mit sich durch verschiedene Stadien der Vollkommenheit, fügt Zuwachs zu Zuwachs von unendlich kleinen Veränderungen und besiegt auf diese Weise unser Widerstreben, zuzugestehen, daß der auserlesene Höhepunkt des Ganzen ein Ergebniß natürlicher Zuchtwahl sein könne.

Darwin geht keiner Schwierigkeit aus dem Wege, und er muß, wie er den Gegenstand gründlich durchdacht hat, besser als seine Kritiker sowohl die Schwäche wie die Stärke seiner Theorie gekannt haben. Das würde natürlich von geringer Bedeutung sein, wäre sein Zweck ein vorübergehender dialektischer Sieg und nicht die Aufstellung einer Wahrheit, die er für ewig hält. Aber er giebt sich keine Mühe, die Schwäche, die ihm selbst klar geworden ist, zu verhüllen; im Gegentheil, er giebt sich alle erdenkliche Mühe, diese Schwäche in das stärkste Licht zu stellen. Seine außerordentlichen Mittel befähigen ihn mit Einwendungen zu kämpfen, die er selbst und andere erhoben haben, so daß er schließlich bei dem Leser den Eindruck zurückläßt, daß, wenn er diese Einwendungen nicht vollständig beantwortet hat, sie ihm doch nicht verhängnißvoll werden können. Wenn er so die negative Kraft dieser Einwendungen beseitigt hat, kann man die ungeheure Masse positiver Beweise frei auf sich wirken lassen. Diese Fülle des Wissens und diese Bereitschaft der Hülfsmittel machen Darwin zu dem furchtbarsten Gegner. Bedeutende Naturforscher haben scharfe kritische Angriffe gegen ihn erhoben — nicht immer mit dem Zweck, seiner Theorie volle Gerechtigkeit widerfahren zu lassen, sondern mit der ausgesprochenen Absicht, nur ihre schwachen Seiten bloszustellen. Das irritirt ihn nicht. Er behandelt jeden Einwand mit einer Mäßigung und Gründlichkeit, auf welche selbst Butler stolz gewesen sein würde, indem er jede Thatsache mit dem geeigneten Detail umgiebt, sie in die ihr gebührenden Beziehungen bringt und ihr in der Regel eine Bedeutung giebt, welche, so lange sie vereinzelt dastand, nicht zur Geltung kam. Und das thut er ohne eine Spur von Gereiztheit. Er schreitet mit der leidenschaftslosen Stärke eines Gletschers über den Gegenstand hinweg und das Abschleifen der Felsen, findet bisweilen sein Seitenstück in der logischen Zermalmung des Gegners.

Aber obgleich er bei der Behandlung seines gewaltigen Themas jede Leidenschaft zum Schweigen gebracht hat, verleiht doch eine, von der Entdeckung neuer Wahrheiten unzertrennliche innere Bewegung den Blättern Darwin's oft eine warme Färbung. Sein Erfolg ist groß gewesen und das spricht nicht nur für die Tüchtigkeit seines Werkes, sondern auch für die Bereitschaft der öffentlichen Meinung eine solche Offenbarung in sich aufzunehmen. In dieser Beziehung hat mir eine Bemerkung von Agassiz den größten Eindruck gemacht. Aus einer Familie von Theologen hervorgegangen bekämpfte dieser berühmte Mann bis zuletzt die Theorie der natürlichen Zuchtwahl. Unter den vielen Gelegenheiten, wo ich das Vergnügen hatte, in den Vereinigten Staaten mit ihm zusammen zu treffen, war auch eine auf dem schönen Landsitze des Herrn Winthrop in Brookline bei Boston. Vom Frühstück aufstehend blieben wir alle wie von einem gemeinsamen Impulse getrieben vor einem Fenster stehen und setzten hier eine Unterhaltung fort, die wir bei Tische begonnen hatten. Der Ahorn stand in seiner ganzen herbstlichen Pracht und die wunderbare Schönheit des Bildes, das sich unsern Blicken darbot, schien in diesem Falle ungestört auf die Thätigkeit des Geistes zu wirken. Ernst, fast traurig wandte sich Agassiz zu den umstehenden Herren und sagte: „Ich gestehe, daß ich nicht darauf gefaßt war, die besten Geister unserer Zeit sich, wie es geschehen ist, zu dieser Theorie bekennen zu sehen. Ihr Erfolg ist größer, als ich es für möglich gehalten hätte."

Man ist in unseren Tagen zu großen Verallgemeinerungen gelangt. Die Theorie des Ursprungs der Arten ist nur eine derselben. Eine andere von noch weiterm Umfange und eingreifenderer Bedeutung ist die von der Erhaltung der Kraft, deren letzte philosophische Folgen nur erst undeutlich erkennbar sind, diese Doctrin fordert von jedem Antecedenz seine equivalente Consequenz, von jeder Consequenz ihr equivalentes Antecedenz und bringt die Erscheinungen des Lebens wie der Natur unter die Herrschaft jenes Gesetzes ursächlicher Connexität, welches sich, soweit der menschliche Verstand bis jetzt vorgedrungen ist, überall in der Natur geltend macht. Lange vor der Anstellung jedes definitiven Experimentes über den Gegenstand war die Beständigkeit und Unzerstörbarkeit des Stoffes behauptet worden und jedes spätere Experiment rechtfertigte diese Behauptung. Spätere Untersuchungen erweiterten die Eigenschaft der Unzerstörbarkeit zu einer Kraft. Diese, anfänglich nur auf die unorganische Natur angewandte Idee wurde bald auch auf die organische Natur ausgedehnt. Es wurde bewiesen, daß die Pflanzenwelt, obgleich sie fast alle ihre Nahrung aus unsichtbaren Quellen zieht, unfähig sei, neuen Stoff oder neue Kraft hervorzubringen. Ihr Stoff besteht größtentheils aus verwandelter Luft, ihre Kraft aus umgewandelter Sonnenkraft. Es wurde ferner bewiesen, daß auch die thierische Welt eben so wenig schöpferisch sei, da alle ihre bewegenden Kräfte sich auf die Verbrennung ihrer Nahrung zurückführen lassen. Es wurde bewiesen, daß die Thätigkeit jedes Thieres als eines Ganzen sich aus der Uebertragung der Thätigkeiten seiner Moleculen zusammensetze. Es wurde gezeigt, daß die Muskeln Speicher von Muskelkräften seien, welche verborgen liegen, bis sie durch die Nerven aufgeschlossen werden und dann zu Muskelcontractionen führen. Die Raschheit, mit welcher Botschaften längs den Nerven hin und her fliegen, wurde bestimmt, und zwar fand man, daß sie nicht, wie man früher angenommen hatte, der des Lichtes oder der Elektricität gleiche, sondern geringer sei als die Raschheit eines steigenden Adlers.

Das war das Werk des Physikers, dann kamen die Eroberungen des vergleichenden Anatomen und des Physiologen, welche die Struktur jedes Thieres und die Funktion jedes Organes auf der ganzen biologischen Stufenleiter, von dem niedrigsten Zoophyten bis zu dem Menschen hinauf, klar darlegten. Das Nervensystem war zum Gegenstande eines tiefen und andauernden Studiums gemacht worden und die wunderbare und im letzten Grunde ganz geheimnißvolle leitende Macht, welche dasselbe auf den ganzen physischen und geistigen Organismus übt, mehr und mehr erkennt. Der Gedanke ließ sich nicht von einem, so reiche Aufschlüsse verheißenden Gegenstande zurückhalten.

Außer dem von Darwin behandelten physischen Leben giebt es noch ein physisches Leben, welches ähnliche Abstufungen darbietet und gleicher Weise nach einer Lösung verlangt. Wie sind die verschiedenen Grade und Ordnungen des Geistes zu erklären? Was ist das Prinzip der Entwicklung dieser geheimnißvollen Macht, welche auf unserm Planeten in der Vernunft gipfelt? Das sind Fragen, welche, wenn sie sich auch nicht so nachdrücklich der Aufmerksamkeit des Publikums im allgemeinen aufdrängen, nicht nur viele denkende Geister beschäftigt hatten, sondern von einem derselben noch vor dem Erscheinen des „Ursprungs der Arten" berührt worden waren.

Mit der, von den Physikern und Physiologen gebotenen Masse von Stoff in der Hand, suchte Herbert Spencer vor zwanzig Jahren auf diese Grundlage ein System der Psychologie zu pfropfen und vor zwei Jahren erschien eine zweite sehr vermehrte Auflage seines Werkes.

Diejenigen, welche sich mit den schönen Experimenten Plateau's beschäftigt haben, werden sich erinnern, daß, wenn zwei Kügelchen Olivenöl, welche in einem, dem Oele an Dichtigkeit gleichen Gemisch von Alkohol und Wasser schwimmen, zusammengebracht werden, sie sich nicht sofort vereinigen. Etwas wie ein Häutchen scheint sich um die Tropfen zu bilden, deren Platzen sofort das Zusammenfließen der Kügelchen in eines zur Folge hat. Es giebt Organismen, deren Lebensthätigkeit fast ebenso rein physikalischer Natur ist, wie die dieser Tropfen Oel. Sie kommen mit einander in Berührung und gehen so in einander über. Von solchen Organismen zu anderen, eine Nuance höher stehenden und von diesen zu anderen, noch eine Nuance höher stehenden, und so fort durch eine immer aufsteigende Reihenfolge hin, führt Spencer seinen Gedanken durch. Hierbei sind zwei sich der Betrachtung aufdrängende Faktoren in Rechnung zu bringen: das Geschöpf und das Medium, in welchem es lebt, oder, wie man es oft ausdrückt, der Organismus und seine Umgebung. Spencer's Grundprinzip ist, daß zwischen diesen beiden Faktoren eine fortwährende Wechselwirkung bestehe. Die Umgebung wirkt auf den Organismus und der Organismus modificirt sich, um den Erfordernissen der Umgebung zu entsprechen. Er definirt das Leben als eine fortwährende Anpassung innerer Beziehungen:

„In den niedrigsten Organismen haben wir eine Art von über ihren ganzen Körper verbreiteten Gefühlssinnes; dann werden durch äußere Eindrücke und diesen entsprechenden Anpassungen bestimmte Theile der Oberfläche empfänglicher für Reize als andere. Die Sinne entstehen auf der ihnen allen gemeinsamen Basis jenes einfachen Gefühlssinnes, welchen der weise Demokrit vor 2300 Jahren als ihren gemeinschaftlichen Erzeuger erkannte. Die Wirkung des Lichtes scheint anfänglich nur in einer Störung des chemischen Prozesses im thierischen

Organismus zu bestehen, ähnlich der, wie sie bei den Blättern der Pflanze eintritt. Allmälig localisirt sich die Wirkung auf einige Pigment-Zellen, welche empfindlicher gegen das Licht sind, als das sie umgebende Gewebe. Hier beginnt das Auge. Zuerst ist es nur im Stande durch ganz nahe Gegenstände hervorgebrachte Unterschiede des Lichtes und des Schattens wahrzunehmen. Wie der Unterbrechung des Lichtes fast in allen Fällen die Berührung mit dem dicht vorliegenden dunkeln Körper folgt, so wird das Sehen in diesem Zustande eine Art von anticipirender Berührung. Die Anpassung nimmt ihren Fortgang; eine leichte Ausbauchung der Epidermis über den Pigment-Körnchen tritt hinzu. Eine Linse fängt an sich zu bilden und erreicht auf dem Wege unendlicher Anpassungen endlich die Vollkommenheit, die sich bei dem Falken und dem Adler zeigt. So auch mit den anderen Sinnen, sie sind besondere Differenzirungen eines Gewebes, welches ursprünglich auf seiner ganzen Oberfläche gleichmäßig unbestimmt sensitiv war.

Mit der Entwicklung der Sinne dehnen sich die Anpassungen zwischen dem Organismus und seiner Umgebung allmälig räumlich aus und eine Vervielfältigung der Erfahrungen und eine entsprechende Modification des Verhaltens sind das Ergebniß. Die Anpassungen dehnen sich auch der Zeit nach aus und nehmen immer größere Intervalle in Anspruch. Neben dieser Ausdehnung in Raum und Zeit nehmen die Anpassungen auch an Besonderheit und Complexität zu, indem sie durch die verschiedenen Stufen des thierischen Lebens hindurch sich in das Reich der Vernunft erstrecken. Sehr frappant sind Spencer's Bemerkungen in Betreff der Einflüsse des Tastsinnes auf die Entwicklung der Intelligenz. Dieser Sinn ist so zu sagen die Muttersprache aller Sinne, in welchen sie übersetzt werden müssen, um dem Organismus von Nutzen zu sein; daher seine Wichtigkeit. Der Papagei ist der intelligenteste unter allen Vögeln und sein Tastsinn ist auch der entwickeltste. Durch diesen Sinn erlangt er ein Wissen, das unerreichbar für Vögel ist, welche ihre Füße nicht als Hände benutzen können. Der Elephant ist das scharfsinnigste unter den vierfüßigen Thieren und die Grundlage dieses Scharfsinns ist sein hochentwickelter Tastsinn sowie die entsprechende Geschicklichkeit und die daraus folgende Vervielfältigung der Erfahrungen, welche er seinem wunderbar anpaßbaren Rüssel verdankt. Zum Katzengeschlechte gehörende Thiere sind aus einem ähnlichen Grunde scharfsinniger als die mit Hufen versehenen, wofür dem Pferde bis zu einem gewissen Grade durch den Besitz sensitiver, zum Greifen geeigneter Lippen Ersatz geboten wird. Bei den Primaten geht die Entwicklung der Intelligenz mit der Entwicklung der Tastwerke Hand in Hand. Bei den intelligentesten anthropoiden Affen finden wir diese Feinheit des Tastsinnes noch sehr vermehrt und dem Thiere dadurch neue Zugänge des Wissens eröffnet. Der Mensch krönt das Gebäude, nicht nur kraft seines besondern Vermögens der Handgeschicklichkeit, sondern in Folge der ungeheuren Ausdehnung seines Bereiches der Erfahrung, durch die Erfindung von genauen Instrumenten, welche ihm als ergänzende Sinne und als ergänzende Glieder dienen. Die gegenseitige Wirkung dieser Werkzeuge wird bei Spencer schön geschildert und illustrirt. Jene gezügelte geistige Leidenschaft, von der ich in Bezug auf Darwin gesprochen habe, fehlt glaube ich auch bei Spencer nicht. Seine Illustrationen sind bisweilen von einer außerordentlichen Kraft und Lebendigkeit und sein Stil bei solchen Schilderungen berechtigt zu dem Schlusse, daß die Ganglien dieses Apostels des Verstandes bisweilen der Sitz einer beginnenden poetischen Begeisterung sind.

Es ist eine Thatsache von höchster Wichtigkeit, daß Handlungen, deren Ausführung anfänglich mühevolle Anstrengung und Ueberlegung erforderte, durch Gewohnheit zu mechanischen werden können. Beweis: das langsame Lernen der Buchstaben bei dem Kinde und die spätere Leichtigkeit des Lesens bei dem Erwachsenen, dem jede Gruppe von Buchstaben, welche ein Wort bildet, sofort und ohne Anstrengung zu einem in einer einzigen Wahrnehmung Erfaßbaren zusammenschmilzt. Ein ferneres Beispiel liefert der Billardspieler, dessen Handmuskeln und Auge, wenn er auf der Höhe seiner Kunst steht, unbewußt zusammen arbeiten; wieder ein anderes Beispiel ist der Musiker, der sich durch Uebung in den Stand setzt, eine Menge von Gehörs-, Tast- und Muskelthätigkeiten zu einer mechanischen Manipulation zu verschmelzen.

Wenn wir solche Thatsachen mit der Lehre von der erblichen Uebertragung in Verbindung setzen, so gelangen wir zu einer Theorie des Instinctes. Wenn das Küchlein aus dem Ei kriecht, hält es sich richtig im Gleichgewichte, läuft umher, pickt sein Futter auf und zeigt so, daß es die Fähigkeit besitzt, seine Bewegungen zu bestimmten Zwecken zu lenken. Wie hat das Küchlein dieses sehr complicirte Zusammenwirken von Auge, Muskeln und Schnabel gelernt? Es hat keine Unterweisung erhalten und seine persönliche Erfahrung ist gleich Null; aber es genießt die Wohlthat einer von seinen Vorfahren erworbenen Erfahrung. In seiner angeerbten Organisation liegen alle die Fähigkeiten, welche es bei seiner Geburt entfaltet. So verhält es sich auch mit dem bereits besprochenen Instincte der Honigbiene. Die Entfernung, in welcher die Bienen sich von einander aufstellen, wenn sie ihre Halbkreise beschreiben und ihre Zellen bauen, ist das Ergebniß einer, ihrem Organismus eingepflanzten Erinnerung.

Auch der Mensch wird geboren, sowohl mit der von seinen Vorfahren überkommenen physischen Textur, als mit den mit dieser Textur zusammenhängenden angeerbten intellectuellen Fähigkeiten. Die unzulängliche Entwicklung des intellectuellen Vermögens während der Kindheit und der Jugend ist wahrscheinlich weniger auf einen Mangel an individueller Erfahrung, als auf die Thatsache zurückzuführen, daß in den frühen Lebensjahren das Gehirn noch unvollständig entwickelt ist. Die zur Vervollständigung dieser Entwicklung erforderliche Zeit ist verschieden, je nach der Race und nach der Natur des Individuums. Wie eine runde Kugel anfänglich beim Verlassen des Flintenlaufes eine Spitzkugel überholt, so kann die niedrigere Race in der Kindheit die höhere überholen; aber die höhere überholt dann später vielleicht wieder die niedrigere und erreicht eine höhere Stufe der Entwicklung. Auch bei einzelnen Individuen finden wir nicht immer in der Frühreife der Jugend eine Gewähr für eine entsprechende geistige Entwicklung der reifen Jahre, während die Langsamkeit des Geistes in den Knabenjahren oft einen merkwürdigen Gegensatz zu der geistigen Energie späterer Jahre bildet. Newton war als Knabe schwächlich und zeigte in der Schule keine besondere Begabung, als er aber in seinem achtzehnten Jahre nach Cambridge kam, setzte er seine Lehrer bald durch sein Talent für die Behandlung mathematischer Probleme in Erstaunen. Während der stillen Jahre seiner Jugend hatte sich sein Gehirn langsam darauf vorbereitet, das Organ jener Kräfte zu werden, welche er nachher entwickelte.

Durch Myriaden von Schlägen werden, um mich eines Lucrezischen Ausdruckes zu bedienen, das Bild und die Ueberschrift der äußern Welt als Zustände des Bewußtseins eingeprägt und die Tiefe dieser Einprägung hängt von der Anzahl der Schläge ab. Wenn zwei oder mehrere Erscheinungen gleichzeitig in der Umgebung auftreten, so prägen sie sich in gleicher Tiefe oder in gleichem Relief und unlösbar verbunden ein. Und hier betreten wir die Schwelle einer großen Frage. Als Kant fand, daß er sich auf keine Weise des Bewußtseins von Raum und Zeit entledigen könne, nahm er an, daß sie nothwendige Gedankenformen, daß sie die verschieden gestalteten Formen seien, in welche unsere Anschauungen gegossen werden, und daß sie ohne objective Existenz nur in uns wohnen. Mit überraschendem Erfolge zieht Spencer die Theorie der angeerbten Erfahrung, wie er sie auffaßt, zur Aufklärung dieser Frage heran: „Wenn es absolut constante und universelle äußere Beziehungen giebt, welche von allen Organismen in jedem Augenblick ihres wachen Lebens gleichmäßig erfahren werden, so muß es auch entsprechende, absolut constante und universelle innere Beziehungen geben. Solche Beziehungen sind die des Raumes und der Zeit. Als dem Substrate aller anderen Beziehungen des Nicht-Ich müssen ihnen Vorstellungen entsprechen, welche die Substrata aller anderen Beziehungen des Ich sind. Da sie die constanten und sich unendlich oft wiederholenden Elemente des Gedankens sind, müssen sie die mechanischen Elemente des Gedankens werden, — die Elemente des Gedankens, deren sich zu entledigen es unmöglich ist —, die Formen der Anschauung. Mit dieser ganzen Anwendung und Ausdehnung des „Gesetzes der untrennbaren Ideen-Association" steht Spencer auf einem von dem John Stuart Mill's ganz verschiedenen Boden, indem er die eingetragenen Erfahrungen des Menschengeschlechtes anstatt der Erfahrungen des Individuums für seine Erfahrungen heranzieht. Nach meiner Ansicht ist es ihm vollkommen gelungen, Mill's Beschränkung der Erfahrung als unhaltbar nachzuweisen. Diese Beschränkung ignorirt die Macht der dem Organismus eingeprägten Erfahrung, wie sie jedem Individuum auf seinen Lebensweg mitgegeben wird; sie ignorirt ferner die verschiedenen Grade dieser Macht, wie sie verschiedene Racen und verschiedene Individuen derselben Race besitzen. Gäbe es nicht im Gehirne des Menschen eine aller Erfahrung vorangehende Potenz, so müßte ein Hund oder eine Katze ebenso bildungsfähig sein wie ein Mensch. Diese prädeterminirten inneren Beziehungen sind unabhängig von den Erfahrungen des Individuums. Das menschliche Gehirn ist das in den Organismus eingetragene Verzeichniß unendlich vieler, während der Entwicklung des Lebens, oder vielmehr während der Entwicklung jener Reihe von Organismen, durch welche hindurch der menschliche Organismus zu seiner Entwicklung gelangt ist, empfangener Erfahrungen. Die Wirkungen der gleichförmigsten und häufigsten dieser Erfahrungen sind successive vererbt worden und haben sich langsam zu der hohen Intelligenz entwickelt, welche latent in dem neugeborenen Kinde liegt. So geschieht es, daß der Europäer zwanzig bis dreißig Kubikzoll (cubic inches) mehr Gehirn erblich überkommt, als der Papuaneger. So geschieht es, daß Fähigkeiten, wie die der Musik, welche bei einigen niedrigeren Racen kaum existiren, bei höheren Racen gleich bei der Geburt vorhanden sind. So geschieht es endlich, daß aus Wilden, die nicht ihre Finger zu zählen im Stande sind und die eine Sprache reden, welche nur Hauptwörter und Verben enthält, endlich unsere Newtons und Shakespeares hervorgehen.

Schon im Beginne dieses Vortrages habe ich darauf hingewiesen, daß physische Theorien, welche über das Bereich der Erfahrung hinausliegen, doch durch Abstraction aus der Erfahrung hergeleitet werden. Es ist lehrreich, von diesem Gesichtspunkte aus die successive Einführung neuer Ideen zu beobachten. Der

Idee der Anziehung durch Gravitation ging die Beobachtung der Anziehung des Eisens durch einen Magnet und leichter Körper durch geriebenen Bernstein voran. Die Polarität des Magnetismus und der Electricität war augenfällig und wurde so die Grundlage der Idee, daß Atome und Moleculen mit ganz bestimmten anziehenden und abstoßenden Polen ausgestattet sind, durch deren Spiel bestimmte Formen einer kristallinischen Architektur hervorgebracht werden. So wird moleculare Kraft constructiv. Es bedurfte keiner großen Kühnheit des Gedankens, das Spiel dieser Kraft auf die organische Natur zu übertragen und in der molecularen Kraft das Agens zu erkennen, durch welches beides, Pflanzen und Thiere sich bilden. So entstehen aus der Erfahrung Begriffe, welche völlig über das Bereich der Erfahrung hinausliegen. Keiner von den Atomisten des Alterthums hatte einen Begriff von diesem Spiele molecularer, polarer Kraft; aber sie kannten die Schwere, wie sie sich in dem Fallen der Körper offenbaret. Davon abgesehen ließen sie ihre Atome ewig durch den leeren Raum fallen. Demokrit nahm an, daß die größeren Atome sich rascher bewegten als die kleineren, welche sie daher überholen und mit denen sie sich verbinden könnten. Epikur ging von der Ueberzeugung aus, daß der leere Raum der Bewegung keinen Widerstand entgegensetzen könne und schrieb daher allen Atomen dieselbe Schnelligkeit zu; aber er scheint dabei die Konsequenz übersehen zu haben, daß sich die Atome unter solchen Umständen niemals vereinigen könnten. Lucrez schnitt den Knoten durch, indem er den Boden der Physik ganz verließ und die Atome sich in einer Art von Flug mit einander bewegen ließ.

Ging der Instinct, welcher Lucrez so von seinen eigenen Prinzipien abweichen ließ, ganz in die Irre?

Darwin gelangt auf dem Wege der allmäligen Verminderung der Erzeuger schließlich zu einer „Urform," er sagt aber, soweit ich mich erinnere, nirgends, wie er sich diese Urform entstanden denkt. Er citirt mit Genugthuung die Worte eines berühmten Schriftstellers, der allmälig zu der Einsicht gelangt war, daß es eine ganz ebenso würdige Auffassung von Gott sei, zu glauben, daß Er einige wenige, der Selbstentwicklung zu anderen nothwendigen Formen fähige Urformen geschaffen habe, als zu glauben, daß es für Ihn eines frischen Schöpfungsactes bedurft habe, um die durch Seine eigenen Gesetze verursachten Lücken auszufüllen. Was Darwin von dieser Auffassung der Entstehung des Lebens denkt, weiß ich nicht. Aber der Anthropomorphismus, von welchem uns zu befreien Darwin's Zweck zu sein schien, ist von der Erschaffung weniger Formen ganz ebenso unzertrennlich wie von der Erschaffung einer Menge von Formen.

Hier bedarf es der Klarheit und der Gründlichkeit. Zwei Verfahrungsweisen und nur diese sind möglich. Entweder müssen wir der Idee eines Schöpfungsactes grade und rückhaltlos ins Gesicht sehen, oder wir müssen diese Idee aufgeben und unsere Vorstellung vom Wesen des Stoffes radikal ändern. Wenn wir den Stoff betrachten, wie er von Demokrit geschildert und wie er seit Jahrhunderten in unseren wissenschaftlichen Compendien definirt wird, so scheint es eine absolute Unmöglichkeit, daß irgend eine Form aus diesem Stoffe hervorgehe. Das dem Bischof Butler in den Mund gelegte Argument genügt nach meiner Ansicht, um allen solchen Materialismus zu vernichten. Aber diejenigen, von welchen diese Definitionen des Stoffes ausgingen, waren nicht Biologen, sondern Mathematiker, deren Arbeiten sich nur auf solche Zufälligkeiten und Eigenschaften des Stoffes bezogen, die sich durch ihre Formeln ausdrücken ließen.

Grade die Comentration, mit welcher sie die mechanischen Wissenschaften verfolgten, entfremdeten ihre Gedanken der Wissenschaft des Lebens. Sind nicht vielleicht ihre unvollkommenen Definitionen die wirkliche Ursache unserer jetzigen Furcht? Sehen wir der Frage ehrfurchtsvoll aber ehrlich ins Gesicht! Wo sollen wir das Leben, wenn wir es vom Stoffe scheiden, finden? Was auch unser Glaube sagen mag, unser Wissen zeigt sie uns untrennbar verbunden. Jeder Bissen den wir essen, jeder Schluck den wir trinken, illustrirt die geheimnißvolle Controle des Geistes durch den Stoff.

Wenn wir das Leben rückwärts verfolgen, sehen wir es mehr und mehr sich dem nähern, was wir die rein physikalische Beschaffenheit nennen, und gelangen endlich zu den Organismen, welche ich mit, in einer Mischung von Alkohol und Wasser schwimmenden Oeltropfen verglichen habe, gelangen zu dem „Protogenes" Haeckel's, in welchem wir „einen Typus haben, der sich von einem Stück Albumin nur durch seine Feinkörnigkeit unterscheidet.

Können wir dabei stehen bleiben? Wir zerbrechen einen Magnet und finden an jedem seiner Bruchstücke zwei Pole; wir fahren mit dem Zerbrechen fort; aber wie klein auch die Theile in Folge dessen werden, jeder behält, wenn auch in geschwächtem Maße, die Polarität des Ganzen. Und wenn wir nicht weiter zerbrechen können, führen wir mit unserm geistigen Auge die Procedur bis zu den polaren Moleculen fort. Drängt sich uns nicht die Nothwendigkeit auf, etwas ähnliches in Bezug auf das organische Leben zu thun? Liegt nicht die Versuchung nahe, uns auf die Seite des Lucrez zu stellen, wenn er behauptet, daß die Natur alles selbstständig aus eigenem Antriebe ohne die Einmischung der Götter thue? Oder auf die Seite des Bruno, wenn er erklärt, daß der Stoff nicht jene nur leere Fähigkeit, als welche Philosophen sie dargestellt haben, sondern die allgemeine Mutter sei, welche alle Dinge als Frucht ihres Leibes hervorbringe?" Ueberzeugt von der Continuität der Natur, wie ich es bin, kann ich nicht plötzlich da abbrechen, wo unsere Mykroskope aufhören sich nützlich zu erweisen. Hier ergänzt das innere Auge unwiderleglich das äußere. Mit geistiger Nothwendigkeit überschreite ich die Grenze des Experimentalbeweises und unterscheide in jenem Stoffe, welchen wir in unserer Unkenntniß seiner verborgenen Kräfte und unerachtet unserer zur Schau getragenen Ehrfurcht für seinen Schöpfer bisher gelästert haben, die Verheißung und Potenz alles irdischen Lebens.

Wenn Sie mich fragen, ob der geringste Beweis dafür vorliege, daß irgend eine Lebensform sich ohne nachweislich vorangehendes Leben aus dem Stoffe entwickeln kann, so lautet meine Antwort, daß dafür von Vielen für vollkommen bündig gehaltene Beweise angeführt worden sind und daß, wenn einige von uns, die wir dieser Frage nachgedacht haben, einem sehr gewöhnlichen Beispiele folgen und ein Zeugniß annehmen wollten, weil es mit unserem Glauben stimmt, wir uns auch dem angeführten Beweise eifrig anschließen würden. Aber in dem wahren Mann der Wissenschaft lebt ein Wunsch, der stärker ist als der seine Ueberzeugungen aufrecht erhalten zu sehen, nämlich der Wunsch, die Wahrheit dieser Ueberzeugungen erwiesen zu sehen. Und dieser stärkere Wunsch läßt ihn die plausibelste Unterstützung verwerfen, wenn er Ursache hat zu argwöhnen, daß dieselbe mit Irrthum versetzt sei. Die, von denen ich rede, als von solchen, welche diese Frage studirt haben, können, weil sie den zu Gunsten einer „spontanen Generation" dargebotenen Beweis in dieser Weise mit Irrthum versetzt glauben, denselben nicht annehmen.

Sie wissen vollkommen, daß die Chemiker jetzt aus unorganischem Stoffe eine große Reihe von Substanzen herstellen, welche noch vor einiger Zeit als die ausschließlichen Produkte der Lebenskraft betrachtet wurden. Sie sind genau vertraut mit der gestaltenden Kraft des Stoffes, wie er in den Erscheinungen der Kristallisation zu Tage tritt. Sie können ihren Glauben in seine Kraft, unter den geeigneten Bedingungen Organismen hervorzubringen, wissenschaftlich rechtfertigen. Aber in Erwiderung auf Ihre Frage werden sie ihre Unfähigkeit, irgend einen befriedigenden experimentellen Beweis dafür zu liefern, daß Leben ohne nachweislich vorangehendes Leben entwickelt werden könne, offen zu gestehen. Wie bereits angedeutet, verfolgen sie eine Linie von den höchsten Organismen, durch die niedrigeren hindurch bis zu den niedrigsten hin und die Verlängerung dieser Linie im Geiste über das Bereich der Sinne hinaus leitet sie zu dem Schlusse, welchen Bruno so kühn ausgesprochen hat*).

Der hier ausgesprochene „Materialismus" ist vielleicht etwas anderes, als Sie sich darunter vorstellen, und ich erbitte mir daher ein freundlich geduldiges Gehör bis zum Schlusse meiner Ausführung.

„Um die Frage nach einer äußeren Welt" sagt John Stuart Mill, „dreht sich der große metaphysische Kampf." Mill selbst führt äußere Erscheinungen auf Möglichkeiten der Empfindung zurück. Kant machte, wie wir gesehen haben, Raum und Zeit zu „Formen" unserer Anschauungen; Fichte, der anfänglich mit der unerbittlichen Logik seines Verstandes bewiesen hatte, daß er selbst nur ein Ring jener Kette ewiger Causalität sei, welche in der Natur so streng durchgeführt erscheine, zerbrach diese Kette gewaltsam und machte die Natur und alles, was sie umfaßt, zu

---

*) Bruno war ein Pantheist, kein Atheist oder Materialist.

einer Erscheinung seines eigenen Geistes*). Und es ist keineswegs leicht, solche Vorstellungen zu bekämpfen. Denn wenn ich sage: „Ich sehe Dich," und habe nicht den mindesten Zweifel, daß ich Dich sehe, so lautet die Antwort, daß das, dessen ich mir bewußt sei, nur eine Affection meiner Netzhaut sei. Und wenn ich für mich anführe, daß ich die Thatsache meines Sehens dadurch, daß ich Dich berühre, erhärten kann, so würde die Entgegnung wieder lauten, daß ich auch damit die Grenzen des Thatsächlichen überschreite, denn das, dessen ich mir wirklich bewußt sei, sei nicht, daß Du da seiest, sondern daß die Nerven meiner Hand eine Veränderung erfahren haben. Alles Hören, Sehen, Fühlen, Schmecken und Riechen ist, würde man uns entgegenhalten, eine reine Veränderung unseres eigenen Zustandes, über welchen wir nicht um eines Haares Breite hinauszugehen vermögen. Daß etwas, unseren Eindrücken entsprechendes außer uns existirt, ist keine Thatsache, sondern ein Schluß, welchem ein Idealist wie Berkeley oder ein Skeptiker wie Hume jede Gültigkeit absprechen würde.

Spencer schlägt ein anderes Verfahren ein. Für ihn giebt es, wie für den Ungebildeten keinen Zweifel an der Existenz einer äußern Welt; aber er weicht von der Auffassung des Ungebildeten darin ab, daß er nicht wie dieser glaubt, daß die Welt wirklich das sei, als was sein Bewußtsein sie ihm darstellt. Unsere Zustände des Bewußtseins sind nach ihm bloße Symbole eines außer uns Seienden, welches sie hervorbringt und ihre Reihenfolge bestimmt, dessen wirkliche Natur wir aber niemals erkennen können**). In der That ist der ganze Proceß

---

*) Bestimmung des Menschen.
**) Mit diesem Symbolismus unseres Bewußtseins beschäftigt sich auch eine zugleich populäre und tiefe, in den hier bei Langman's erschienenen Vorträgen von Helm-

der Entwicklung die Manifestation einer für den Geist des Menschen absolut unerforschlichen Macht. So wenig in unseren Tagen wie in den Tagen des Hiob kann der Mensch diese Macht durch Suchen finden. Wenn man der Sache auf den Grund geht, kann man nicht anders als sagen, daß wir in der Entwicklung des Lebens, in der Differenzirung der Arten und in der Entfaltung des Geistes aus ihren Urelementen, während unmeßbarer Zeiträume das Walten eines unlösbaren Geheimnisses anzuerkennen haben.

Ich brauche Sie wohl kaum darauf aufmerksam zu machen, daß dieser Auffassung kein sehr verwegener Materialismus zu Grunde liegt. Die Stärke der Lehre von der Entwicklung besteht nicht in experimenteller Beweisführung, — denn der Gegenstand ist für diese Art der Beweisführung kaum zugänglich, — sondern in ihrer allgemeinen Harmonie mit der Methode der Natur, wie wir sie bis jetzt kennen gelernt haben. Ueberdies gewinnt sie durch den Contrast eine außerordentliche Stärke. Auf der einen Seite haben wir, wenn wir sie überall so nennen dürfen, eine Theorie, welche, wie es die im Beginne dieses Vortrages erwähnten Theorien waren, nicht aus dem Studium der Natur, sondern aus dem Studium des Menschen hergeleitet ist, eine

---

holtz enthaltene Schrift: „Neue Fortschritte in der Theorie des Sehens." Die Sinneseindrücke sind nur die Zeichen der äußeren Dinge. In dieser Schrift bestreitet Helmholtz entschieden die Ansicht, daß das Bewußtsein des Raumes angeboren sei und er bezweifelt offenbar die Fähigkeit des Küchleins, ohne vorangegangene Weisung, Körner aufzupicken. „Ueber diesen Punkt," sagt er, „bedarf es noch weiterer Experimente." Solche Experimente sind seitdem von Herrn Spalding gemacht worden, der bei einigen seiner Beobachtungen, wenn ich nicht irre, von der ausgezeichneten und so tiefbeklagten Lady Amberly unterstützt worden ist und diese Beobachtungen scheinen bündig zu beweisen, daß das Küchlein keines Momentes der Unterweisung bedarf um es zu befähigen, zu stehen, zu laufen, die Muskeln seines Auges zu lenken und Futter aufzupicken. Helmholtz streitet jedoch gegen die Idee einer prästabilirten Harmonie und seine Ansichten im Betreff der Organisation des Geschlechtes oder der Zucht sind mir nicht bekannt.

Theorie, welche die Macht, deren Kleid das sichtbare Universum ist, einem nach menschlichem Bilde gemodelten Künstler überträgt, der in stoßweisen Anstrengungen, wie wir es von den Menschen sehen, arbeitet. Auf der andern Seite haben wir die Vorstellung, daß alles, was wir um uns her sehen und alles, was wir in uns fühlen, die Erscheinungen des physischen Lebens sowohl wie die des menschlichen Geistes, seine unerforschliche Wurzel in einem kosmischen Leben habe, von welchem, wenn ich mich so ausdrücken darf, nur ein unendlich kleiner Span der Forschung des Menschen erreichbar ist. Und selbst von diesem Span können wir nur einen Theil kennen.

Wir können die Spur der Entwicklung eines Nervensystems verfolgen und können die parallelen Phänomene der Empfindung und des Gedankens mit ihm in Beziehung setzen. Wir sehen mit unzweifelhafter Sicherheit, daß sie Hand in Hand gehen. Aber wir versinken ins Bodenlose, sobald wir den Zusammenhang zwischen beiden zu erfassen suchen. Hier bedürfte es eines Archimedischen Punktes, welcher dem menschlichen Geiste nicht zu Gebote steht und der Versuch, dieses Problem zu lösen, gleicht, um mich des Bildes eines berühmten Freundes zu bedienen, der Anstrengung eines Mannes, der es versucht, sich an seinem eigenen Gürtel in die Höhe zu ziehen.

Alles, was ich bisher ausgesprochen habe, ist im Zusammenhange mit dieser Grundwahrheit aufzufassen. Wenn von „entstehenden Sinnen," wenn von der Differenzirung eines, anfänglich seiner ganzen Oberfläche nach unbestimmt sensitiven Gewebes die Rede ist, und wenn diese Processe mit der Modification eines Organismus durch seine Umgebung in Verbindung gebracht werden, so liegt darin dasselbe Nebeneinanderherlaufen zweier sich in keinem Punkte auch nur annähernd berührender

Parallelen. Der Mensch als Objekt ist durch eine unübersteigbare Kluft getrennt von dem Menschen als Subjekt, es giebt keine bewegende Kraft in dem Geiste des Menschen, vermöge deren er ohne einen Bruch der Logik den Zusammenhang zwischen beiden herstellen könnte.

Die Lehre von der Entwicklung läßt den Menschen ferner aus der, in endlosen Zeiträumen sich vollziehenden Wechselwirkung des Organismus und seiner Umgebung hervorgehen. Der menschliche Verstand zum Beispiel, — jene Fähigkeit, welche Spencer so geschickt aus ihren Antecedentien hat hervorgehen lassen —, ist selbst ein Ergebniß des in unendlichen Zeiträumen vor sich gehenden Spieles zwischen dem Organismus und seiner Umgebung. Gewiß giebt es keinen Fall, in welchem sich das Recht der Verjährung entscheidender geltend macht. Nun aber kommt in Betracht, daß es außer und über dem Verstande des Menschen viele andere ihm eigenthümliche Eigenschaften giebt, deren auf Verjährung begründete Rechte ganz ebenso stark sind, wie das Recht des Verstandes. So ist es z. B. ein Ergebniß des Wechselspieles von Organismus und Umgebung, daß der Zucker süß und die Aloë bitter ist. Daß der Geruch des Bilsenkrautes von dem der Rose verschieden ist. Solche Thatsachen des Bewußtseins, für welche beiläufig noch niemals eine genügende Ursache beigebracht worden ist, sind ganz so alt wie der Verstand und noch viele andere Dinge können sich eines ebenso alten Ursprunges rühmen. Spencer spricht an einer Stelle von jener gewaltigsten Leidenschaft, der Leidenschaft der Liebe, als von einer Leidenschaft, welcher bei ihrem ersten Auftreten keine entsprechende Erfahrung vorangegangen ist, und wir dürfen den Anspruch derselben als mindestens so alt und so gültig wie den des Verstandes betrachten. Ferner giebt es mit dem Organismus des Menschen verwebte Dinge, wie das Gefühl der heiligen Scheu, der Ehrfurcht, des Staunens, wie die Liebe, — nicht nur die eben erwähnte geschlechtliche, sondern die Liebe zu dem physisch und moralisch Schönen in der Natur, der Poesie und der Kunst. Da ist ferner jenes tiefgewurzelte Gefühl, welches sich seit dem ersten Aufdämmern der Geschichte und wahrscheinlich schon lange vor aller Geschichte in den Religionen der Welt verkörpert hat. Du, der Du Dich aus dem Bereiche dieser Religionen in die hohe, lichte, kalte Region des Verstandes geflüchtet hast, mußt dieselben verlachen, aber indem Du das thust, trifft Dein Spott nur nebensächliche Formen und Du übersiehst die unerschütterliche Grundlage des Gefühls in dem Gemüthsleben des Menschen.

Wie diesem Gefühle eine vernünftige Befriedigung zu gewähren sei, ist das Problem der Probleme unserer Zeit. Und wie possenhaft auch, vom Standpunkte wissenschaftlicher Bildung aus betrachtet, viele Religionen der Welt waren und noch sind, wie gefährlich, ja verderblich für die theuersten Empfindungen freier Menschen einige derselben auch unzweifelhaft gewesen sind und, wenn sie könnten, noch sein würden, so wird es doch weise sein, in ihnen die Formen einer Kraft zu erkennen, welche, bösartig, wenn man ihr gestattet, sich in die Region des Wissens, über welche ihr keine Herrschaft zukommt, einzudrängen, gleichwohl von einer liberalen Denkart geleitet, zu edlen Ergebnissen in der Region des Gemüthes, die ihre erhabene Sphäre ist, führen kann.

Alle religiösen Theorien und Systeme, welche eine Darstellung der Kosmogonie enthalten oder sonstwie das Bereich derselben berühren, müssen sich, sofern sie das thun, der Controle der Wissenschaft unterwerfen und jeden Gedanken an eine ihrerseits über die Wissenschaft zu übende Controle aufgeben. Jeder Versuch, anders zu handeln, hat sich verhängnißvoll für sie erwiesen; heutzutage würde ein solcher Versuch geradezu albern sein. Jedes System, welches dem Schicksal eines Organismus, der zu starr ist, um sich seiner Umgebung anzupassen, entgehen will, muß sich bildsam in dem Umfange erweisen, wie es die Wissenschaft verlangt. Wenn man sich vollständig mit dieser Wahrheit durchdrungen haben wird, wird man mit der Starrheit nachlassen, wird man weniger exclusiv werden, wird man Dinge, die man jetzt für wesentlich hält, fallen lassen und Elemente, die man jetzt verwirft, assimiliren. Worauf es ankommt, das ist die Erhöhung des Lebensniveaus und so lange es gelingt, Dogmatismus, Fanatismus und Unduldsamkeit fern zu halten, können verschiedene Hebel angesetzt werden, um das Leben auf ein höheres Niveau zu erheben.

Die Wissenschaft selbst entlehnt nicht selten einer über die Wissenschaft hinausliegenden Quelle eine bewegende Kraft. Whewell spricht von enthusiastischem Temperament als einem Hemmniß der Wissenschaft; er denkt aber nur an den Enthusiasmus schwacher Köpfe. Es giebt eine starke und entschlossene Begeisterung, an welcher die Wissenschaft einen Verbündeten hat und mehr dem Nachlassen dieses Feuers als einer Abnahme der geistigen Einsicht ist die verminderte Productivität der Männer der Wissenschaft in ihren reiferen Jahren zuzuschreiben. Buckle hat es versucht geistige Leistungen als von sittlicher Kraft unabhängig darzustellen. Das war ein schwerer Irrthum; denn ohne die sittliche Kraft, die den Geist zur Energie treibt, würden seine Leistungen nur dürftig sein.

Man hat behauptet, die Wissenschaft trenne sich von der Literatur; diese Behauptung beruhet, wie so viele andere, auf

Unwissenheit. Ein Blick auf die weniger technischen Schriften der Führer der Wissenschaft, der Helmholtz, der Huxley, der Du Bois Reymond zeigt, auf welcher Höhe der literarischen Bildung sie stehen. Von welchen modernen Schriftstellern werden sie an Klarheit und Kraft des Stils übertroffen? Die Wissenschaft verlangt keine Isolirung, sondern verbündet sich gern und willig mit jedem Bemühen, die Lage der Menschen zu verbessern. Isolirt und nicht getragen von äußerer Sympathie, sondern nur von innerer Kraft, hat sie wenigstens einen Flügel des für viele Bewohner Raum bietenden Hauses, welches der Mensch in seiner Totalität verlangt, erbaut. Und wenn rohe Mauern und vorstehende Balken zeigen, daß das Gebäude an einer Seite noch unvollendet ist, so können wir doch nur von einer weisen Verbindung dieser unfertigen Theile mit dem bereits vollendeten ein vollständiges Ganze erhoffen. Es besteht keine nothwendige Ungleichartigkeit zwischen dem, was bereits vollendet ist, und dem, was noch zu thun übrig bleibt. Die sittliche Gluth des Sokrates ist an und für sich durchaus nicht unvereinbar mit der Naturanschauung des Anaxagoras, die Sokrates so bitter verspottete, über die er aber heutzutage kaum mehr spotten würde.

Und hier muß ich eines Mannes unter uns gedenken, welcher trotz seines hohen Alters geistesfrisch ist und dessen prophetische Stimme vor länger als dreißig Jahren viel nachhaltiger als irgend eine andere in unserer Zeit aufschloß, was an Leben und edler Gesinnung in den begabtesten Geistern verborgen lag — eines Mannes, der würdig wäre, Sokrates oder dem Makkabäer Eleazar an die Seite gestellt zu werden, und Kraft besäße, alles das zu wagen und zu erdulden, was sie erduldet und gewagt haben — der würdig gewesen wäre, wie man einst von Fichte sagte, der Lehrer der Stoa zu sein und von Schönheit und Tugend in den Hainen des Akademos zu reden. Es ist ein großer Verlust für die Welt, daß dieser Mann bei einer Fähigkeit des Verständnisses für naturwissenschaftliche Prinzipien, wie sein Freund Goethe sie nicht besaß und welche selbst ein völliger Mangel an Uebung nicht ganz hat aufheben können, nicht in der Blüthe seiner Jahre seinen Geist und seine Sympathien der Wissenschaft öffnete und die Ergebnisse derselben zu einem Theil seiner Mission bei der Menschheit machte. Wunderbar begabt wie er war, gleich reich ausgestattet mit Eigenschaften des Herzens und des Verstandes, hätte er viel dazu beitragen können, uns zu lehren, wie die Ansprüche beider in Einklang zu bringen und wie sie in den Stand zu setzen seien, in kommenden Tagen einig im Geiste friedlich nebeneinander zu wohnen.

Und jetzt komme ich zum Schluß. Ein besser Befähigter hätte, wenn ihm mehr Zeit zu Gebote gestanden hätte, das, was ich Ihnen gesagt habe, besser sagen und der Aufmerksamkeit werthe, von mir unberührt gelassene Punkte zu einem angemessenen Ausdruck bringen können; mit den von mir ausgesprochenen Ansichten aber würde er sich in wesentlicher Uebereinstimmung haben befinden müssen. Diese meine Ansichten sind nicht die Frucht eines Tages, und was Sie, meine Herren, betrifft, so war ich der Meinung, daß es gut für Sie sein müsse, sich die „Umgebung" zu vergegenwärtigen, welche sich, mit oder ohne Ihre Einwilligung, mit rapider Eile um Sie her bildet und welcher Sie sich vielleicht in einer oder der andern Weise werden „anzupassen" haben. Ein Wort Hamlet's belehrt uns jedoch Alle, wie wir den Beschwerden des täglichen Lebens ein Ende machen können, und es ist für Sie und mich vollkommen möglich, uns um den Preis geistigen Todes geistigen Frieden zu erkaufen. Es fehlt in der Welt weder an Zufluchtsstätten dieser Art noch an

Personen, welche den Schutz dieser Stätten aufsuchen und andere zu überreden suchen, dasselbe zu thun. Die Unbeständigen und die Schwachen und diejenigen, denen Ruhe süßer ist als Wahrheit, werden sich überreden lassen. Ich möchte Sie aber ermahnen, solchen Schutz von der Hand zu weisen und eine solche elende Ruhe zu verschmähen und — falls Sie sich zu einer Wahl gedrängt sähen, die geistige Aufregung der Stagnation, die fortreißende Gewalt des Stromes der Ruhe des faulenden Sumpfes vorzuziehen. In dem Verlaufe dieses Vortrages habe ich bestreitbare Punkte berührt und Sie über gefährliche Gründe geführt, und zwar theilweise in der Absicht, Ihnen und durch Sie der Welt zu sagen, daß, was diese Fragen betrifft, die Wissenschaft das unbeschränkte Recht der Forschung in Anspruch nimmt. Es kommt hier nicht darauf an, ob die Ansichten des Lucrez und des Bruno, Darwin's und Spencer's vielleicht unrichtig sind. Ich gebe die Möglichkeit zu, ja ich halte es für sicher, daß die Ansichten dieser Männer Modificationen erfahren werden; worauf es aber ankommt, ist, daß wir, gleichviel ob diese Ansichten richtig oder unrichtig sind, das Recht in Anspruch nehmen, sie frei zu discutiren. Indessen wird hier kein ausschließlicher Anspruch für die Wissenschaft erhoben; Sie sollen nicht gedrängt werden, dieselbe zum Götzen zu erheben. Das unaufhaltsame Vorschreiten des menschlichen Verstandes auf der Bahn der Erkenntniß und die untilgbaren Ansprüche der moralischen und gemüthlichen Natur des Menschen, welche der Verstand niemals befriedigen kann, werden hier gleich sehr zur Geltung gebracht. Der Welt gehört nicht nur ein Newton, sondern auch ein Shakespeare nicht nur ein Bayle, sondern auch ein Raphael; nicht nur ein Kant, sondern auch ein Beethoven; nicht nur ein Darwin, sondern auch ein Carlyle. Nicht in jedem von diesen, sondern in ihnen allen zusammen bekundet sich die ganze menschliche Natur. Sie stehen sich nicht feindlich gegenüber, sondern sie ergänzen sich; sie schließen sich nicht einander aus, sondern wirken alle gemeinsam. Und wenn der menschliche Geist, noch unbefriedigt, mit der Sehnsucht eines Pilgers nach seiner fernen Heimath, sich dem Mysterium, aus welchem er hervorgegangen ist, wieder zuwendet und wenn er versucht, es so zu modeln, daß zwischen seinem Denken und Glauben Einheit bestehe, — vorausgesetzt daß dies ohne Intoleranz und Bigotterie mit der erleuchteten Erkenntniß geschieht, daß eine schließliche Feststellung der Thatsachen hier nicht erreichbar ist und daß jedes fernere Jahrhundert die Freiheit haben müsse, das Mysterium seinen Bedürfnissen gemäß zu modeln, — dann würde ich, allen Beschränkungen des Materialismus entgegen, behaupten, daß dies ein Feld für die edelste Uebung dessen sei, was man, im Gegensatze zu den erkennenden Kräften die schöpferischen Kräfte des Menschen nennen kann.

Goethe läßt seinen Faust sagen:

„Erfüll' davon Dein Herz, so groß es ist
„Und wenn Du ganz in dem Gefühle selig bist,
„Nenn' es dann wie Du willst..."

Wordsworth hat das in Worten gethan*), welche allen

---

*) Ich habe es nicht gewagt, die schönen Wordsworth'schen Verse aus „Tintern-Abbey", mit denen Tyndall seinen Vortrag schließt, poetisch wiederzugeben und lasse sie daher hier im Original folgen. Sie lauten:

'For I have learned
To look of nature; not as in the hour
Of thoughtless youth; but having oftentimes
The still, sad music of humanity,
Nor harsh nor grating, though of ample power
To chasten and subdue. And I have felt
A presence, that disturbs me with the joy
Of elevated thoughts; a sense sublime
Of something far more deeply interfused

Engländern wohlbekannt sind, und welche als ein Vorausblick und als eine religiöse Belebung der letzten und tiefsten wissenschaftlichen Wahrheit betrachtet werden können, und Goethe selbst hat es in unvergleichlicher Weise gethan in seinem Proemion zu „Gott und Welt:"

> Im Namen dessen, der Sich selbst erschuf!
> Von Ewigkeit in schaffendem Beruf;
> In Seinem Namen, der den Glauben schafft;
> Vertrauen, Liebe, Thätigkeit und Kraft;
> In Jenes Namen, der, so oft genannt,
> Dem Wesen nach blieb immer unbekannt.
>
> Soweit das Ohr, soweit das Auge reicht,
> Du findest nur Bekanntes, das ihm gleicht,
> Und Deines Geistes höchster Feuerflug
> Hat schon am Gleichniß, hat am Bild genug;
> Es zieht Dich an; es reizt Dich heiter fort,
> Und wo Du wandelst, schmückt sich Weg und Ort;
> Du zählst nicht mehr, berechnest keine Zeit
> Und jeder Schritt ist Unermeßlichkeit.
>
> Was wär' ein Geist, der nur von außen stieße,
> Im Kreis das All am Finger laufen ließe!
> Ihm ziehmt's die Welt im Innern zu bewegen,
> Natur in Sich, Sich in Natur zu hegen;
> So daß, was in ihm lebt und webt und ist,
> Nie Seine Kraft, nie Seinen Geist vermißt.

> Whose dwelling is the light of setting suns,
> And the round ocean, and the living air,
> And the blue sky, and in the mind of man:
> A motion and a spirit, that impels
> All thinking things, all objects of all thoughts,
> And rolls through all things.'

Dagegen habe ich mir erlaubt, das herrliche Goethe'sche Gedicht, auf welches Tyndall hinweist, vollständig in den Text aufzunehmen.

Verlagsbuchhandlung von Julius Springer in Berlin N., Monbijouplatz 3.

Die Eigenart des Preußischen Staats.
Von
Rudolf Gneist.
Preis 1 Mark.

Der Rechtsstaat.
Von
Rudolf Gneist.
Preis 4 Mark.

Ueber Parlamentarische Debatten.
Von
J. H. von Kirchmann.
Preis 1 Mark 20 Pf.

Der Staat und der Volkshaushalt.
Von
John Prince-Smith.
Preis 80 Pf.

Ueber Welt- und Staatsweisheit.
Von
Eduard Lasker.
Preis 80 Pf.

MIX
Papier aus verantwortungsvollen Quellen
Paper from responsible sources
FSC® C105338

If you have any concerns about our products,
you can contact us on
ProductSafety@springernature.com

In case Publisher is established outside the EU,
the EU authorized representative is:
**Springer Nature Customer Service Center GmbH
Europaplatz 3, 69115 Heidelberg, Germany**

Printed by Libri Plureos GmbH
in Hamburg, Germany